序　言

本书中我所教授你的所有记忆技巧、方法、系统和主意应用起来效果都很好，这一点毋庸置疑。许多哈佛人才都应用了本书中的记忆方法，让他们的记忆力得到超常发挥，激发他们的潜能。多年来无数哈佛人的经历都验证了这一点。如果你按部就班地跟着本书的内容进行了学习，你肯定会受益匪浅。目前为止，这是我了解的唯一可以起到立竿见影效果的记忆法。如果你已经会了超级记忆法，那么我敢向你保证，即使你觉得这些方法作用不大，你应用记忆法去学习时也肯定会取得惊人的进步和收获。

那么现在问题的重点就不是超级记忆法有没有用了，而是你想让超级记忆法帮你多大的忙呢？（每当你想到一些东西，你会自然而然地联想到其他东西。一直如此，而且这正是记忆的过程，所以其实这也不是个问题）

很明显，我不可能通过一本书就教会你记住所有的知识。在教学过程中，我也意识到有越来越多东西可以教给你，这是永无止境的。但如果你学会了怎样使用记忆法，你就可以应用它接着学习其他知识。本书中我列举了不少以列表形式出现的信息，而且课堂知识中肯定也有不少的列表需要你记忆。但如果你只应用记忆法去记忆列表的话，那可真就是高射炮打蚊子——大材小用了。记忆法的应用范围其实极其广泛，可以用于任何一门学科、任何一个领域的学习。如果你感到应用受到局限，那定是你的想象力受到了局限。所以一定要通过书中的练习来锻炼自己的想象力，同时练习还可以让你的观察力更加敏锐，让你养成专心致志的好习惯，拥有前所未有的自信。

其实，说到超级记忆法的应用，我可以一本书接一本书地写下去，永远写不完。但我敢向你保证，学习了超级记忆法，拥有超级记忆力绝不再是白日做梦，我们已经通过无数的实践和考察证实了这一点。现在，我要将一件强大的学习武器交到你手中，你要做的，就是接过武器，放心大胆地去使用！是的，刚开始使用时的确需要费些心思，付出些努力，但不久后你就会发现自己已经熟练掌握了所有用法，不必再去思考如何使用。就好像你学会开车、打字、骑自行车或滑冰后，你就忘记了当初自己费力学习的过程。而且永远不要忘记，死记硬背、重复记忆的方法绝对要比洛拉尼记忆法麻烦费事得多，而且枯燥无味，记忆效果也不理想。

你还要记住一点，那就是只要学会了应用超级记忆法，在你小学、初中、高中到大学甚至到研究生院的学生生涯中，都不会有任何的记忆难题再让你犯愁，因为这些难题都会被你轻而易举地解决，而且这个过程其乐无穷。

快快学习超级记忆法吧！就当是为人生做出的投资。那么这会是你一生中最好的一项投资，一项不仅会让你在学习上受益，还会让你在余生中不断收获丰硕回报的投资。

哈佛记忆课

[美]哈里·洛拉尼 Harry Lorayne 著
陈嘉宁 译

北京联合出版公司
Beijing United Publishing Co., Ltd.

图书在版编目（CIP）数据

哈佛记忆课 /（美）洛拉尼著；陈嘉宁译 .—北京：北京联合出版公司，2014.1（2023.6 重印）

ISBN 978-7-5502-2216-8

Ⅰ.①哈… Ⅱ.①洛… ②陈… Ⅲ.①记忆术－研究 Ⅳ.① B842.3

中国版本图书馆 CIP 数据核字 (2013) 第 263909 号

SUPER MEMORY - SUPER STUDENT by HARRY LORAYNE
Copyright:©1990 BY HARRY LORAYNE
This edition arranged with HARRY LORAYNE INC
through BIG APPLE TUTTLE-MORI AGENCY,LABUAN,MALAYSIA.
Simplified Chinese edition copyright:
2022 China Pioneer Publishing Technology Co., Ltd
All rights reserved.

哈佛记忆课

作　者：[美]洛拉尼
译　者：陈嘉宁
出品人：赵红仕
责任编辑：王　巍
封面设计：赵银翠

北京联合出版公司出版
（北京市西城区德外大街83号楼9层 100088）
北京新华先锋出版科技有限公司发行
天津旭丰源印刷有限公司印刷　新华书店经销
字数125千字　620毫米×889毫米　1/16　16印张
2014年2月第1版　2023年6月第5次印刷
ISBN 978-7-5502-2216-8
定价：59.00元

版权所有，侵权必究
未经许可，不得以任何方式复制或抄袭本书部分或全部内容
本书若有质量问题，请与本社图书销售中心联系调换。电话：（010）88876681-8026

目录

1 消除学习的恐惧 / 001

2 发现记忆的魅力 / 008

3 更加"聪明"地学习和记忆 / 011

4 链接记忆法 / 015

5 运用链接记忆法 / 031

6 数字的记忆 / 037

7 通过词语记忆数字 / 046

8 词汇的记忆 / 063

9 外语词汇的记忆 / 066

10 英语词汇与SAT词汇的记忆 / 079

11 人名,数字和日期的记忆 / 092

12 美国历史知识的记忆 / 104

13 你认为自己已经熟练掌握字母表了吗? / 115

14 世界历史知识的记忆 / 119

15 单词拼写的记忆 / 135

16 法律法规和政治文献的记忆 / 147

17 图表的记忆 / 155

18 音乐的记忆 / 169

19 公式的记忆 / 178

20 复杂公式的记忆 / 189

21 化学、生物和遗传学知识的记忆 / 200

22 将超级记忆进行到底 / 209

23 阅读与听力 / 220

24 文学与艺术 / 227

25 医药学和牙科医学 / 234

26 精益求精,无所不在的超级记忆力 / 239

1 消除学习的恐惧

我知道你一定不想在琳琅满架的书橱上再多放一本书了。不过与你书橱中所有的书相比,这本书的特别之处可谓一言难尽。看了它,你就不会再健忘,还会记住其他所有书的内容。这样一来,你就没有必要随身携带其他任何一本书了。不过,说到"健忘",我并不是指经常忘记一些日常琐事,比如出门时忘了锁门,想不起来自己最喜爱的钢笔放在何处,或者忘记打一个已经承诺过别人要打的电话。我想要谈的不仅仅是遗忘,我想让你知道记忆就是知识,只有拥有好的记忆力,才会拥有无穷的知识。

记忆是思考的基石。倘若脑海中没有已经记住的知识,你就不会深思熟虑,不能定义周遭,亦不可能以理服人,自作决策,更不要提自主创新或是贡献社会了。没有记忆就没有知识,请你一定要认识到这一点。我想你肯定已经意识到了,否则你就不会拿起这本书。没有记忆是没有知识可言的(举个极端一点的例子,如果你忘记了拼音和汉字,你就读不懂这本书到底在讲什么了)。这本书的特别之处在于,它会教给你许多记忆的诀窍,让你学起来容易,用起来也有趣。这些诀窍不仅对你的学业会有所帮助,而且对于你日后的生活也会大有裨益。

学会这些易学易记的诀窍后,再去记忆需要记忆的内容时,你会节省起码一半的时间,而且想要记住多久就能记多久,随时都还能回想起来。这就意味着你能花更少的时间记住更多的知识,为自己赢取更多的空余时间。不少人在学习过本书教授的超级记忆法后,考试成绩就翻了一番甚至两番。而且应用这些技巧会使你的生活变得更简单，会让你无论在课上还是课外，第一次听到或看到某些信息时就能记住它们。

在《纽约时报》上刊登的一篇文章中，威廉姆·华伦曾经这样说过："越来越多的学生和家长选择了家教，作为一种提高成绩的方法以便在大学入学考试的激烈竞争中尽一切可能地脱颖而出。"父母们督促着孩子们取得更好的成绩，让成绩单上的分数从"良好"提高到"优秀"。在同一篇文章中，纽约州立大学阿尔伯尼分校的教育学博士朱迪斯·朗格也发表了她的观点："学生经过家教帮助后，成绩一般的变成了良好，成绩良好的提高到了优秀。不过成绩中等的学生要想提高到上等的话，背负的压力会更大。然而想把自己的孩子送进一所好大学就必须经历这样一个过程。"

本书的目的就在于此——教给你学习的方法，为你提供学习的动力，提高自己的成绩，成为出类拔萃的好学生！你不必为了达到这个目标每天去"头悬梁，锥刺股"，也不需要请家教。学习完这本书后，当你再一次听到或读到新的知识时，你马上就会心领神会，轻而易举地掌握住知识点，再也用不着加班加点、夙兴夜寐地去学习了。

如果你想学会应用我的超级记忆法，只需要做一件事，那就是你现在正在做的事情——读书。这就足够了。本书不适宜快速浏览，而是需要认真阅读。认真做书中的练习题，按照我的要求按部就班地去做。而且我希望你能主动地参与进来，积极回答问题，认真填空……最终你的进步会令自己都大吃一惊。

虽然超级记忆法的学习主要针对中学生和大学生，但这并不意味着这些技巧和方法对那些年幼的学生就没有帮助。当然也是有用的，而且比你想象的要有用得多，例如可以应用到学习乘法表格当中去。所以，如果你认识一个初中生或者高中低年级学生，你就可以帮助他／她学习这些方法。如果这样可以帮助一个人走上成功之路，该是件多么了不起的事啊!

除去一些特殊情况,中学和大学阶段需要记忆的知识主要分为三类:数字;数字与人名、地名或事件相结合;阅读材料的记忆,包括词汇表和专业术语。本书中将要介绍的记忆技巧很容易地就能应用到这三类知识中去,甚至还能很好地应用到那些特殊情况之中。

好了,言归正传吧!你一定也明白自己的记忆力越好,成绩就会越好。所有的知识都建立在记忆的基础之上,二者关系密不可分。

不久后,你就会记住以前从未记住过的知识,记住以前不敢相信自己有一天可以记住的知识。也就是说,你会拥有更好的记忆力。不,不应该是"更好"的记忆力,或"更出色"的记忆力,而应该是你从未敢梦想过会拥有的记忆力。在本书中,我也不会仅仅只为了让你拥有"更好"或"更出色"的记忆力而浪费你我的时间。

记忆:学习

(a) 理解:知识;

(b) 知识:学业成功;

(c) 记忆:知识;

(d) 理解:记忆;

(e) 学习:知识;

(f) 理解:学习

我想要参加大学入学考试的学生们都知道上面这段话是什么意思。这是一种题型,这种题型你会在SAT[1]考试以及其他性质类似的考试中

---

[1] SAT(赛达)为 Scholastic Assessment Test 的缩写,是美国高中生进入美国大学所必须参加的考试,其重要性相当于中国的高考,也是世界各国高中生申请进入美国名校学习能否被录取及能否得到奖学金的重要参考。

经常遇到（如PSAT[1]，GMAT[2]，LSAT[3]等水平测试）。而这道题的要求就是，从下面六个选项中找到所含二者的关系与题干中"记忆"与"学习"的关系最接近的一项。

市面上的各类辅导书会建议你遇到这种题型时，先造一个句子，这个句子要包括题干中的两个词语，而且要十分具有逻辑性。然后分别用选项中的词语去代替题干中的两个词，凡是符合这个句子，并能使之成立的选项就是符合题意的选项。《普林斯顿评论》系列丛书在校园辅导书籍方面算是名列前茅了，不过该书也只会建议你首先排除看起来明显不对的选项。

看过上面这个例子后，你肯定是被我难住了吧，因为你会发现其实很难选出明显不对的选项。例如，我们可以造一个包括题干中两个词同时还具有逻辑性的句子，例如"没有记忆，就不能学习。"这样一来六个选项都会符合题意。六个句子分别是：没有理解就没有知识；没有知识，就没有学业上的成功；没有记忆，就没有知识；没有理解，就没有记忆；没有学习，就没有知识；没有理解，就不能学习。

也许你会觉得这些句子还是有些轻微的不同，但是总体说来，六个句子都是成立的。如果考试时遇到这种问题该怎么办呢？一个学生想要也需要通过高考取得好成绩，然后才能进入理想的大学。而理想中的大学往往只能接收报名学生中的25～35%。

---

[1] PSAT 是 Preliminary SAT，SAT 预考，对准备申请大学的学生来说，PSAT 是 SAT 的热身赛。
[2] GMAT，全称 Graduate Management Admission Test，国外工商管理硕士 MBA 入学考试，由美国商学院研究所入学考试委员会委托新泽西州普林斯顿的教育测试中心（ETS）举办。
[3] LSAT，即 Law School Admission Test（法学院入学考试），是由位于美国宾夕法尼亚州的法学院入学委员会（Law School Admission Council 简称 LSAC），是为其下 197 所（美国有 183 所，加拿大 15 所）法学院成员设置的法学院入学资格考试，用以衡量考生的阅读和逻辑推理的能力。

当我还在读小学的时候，就已经开始接触记忆训练了。每当我带着一张分数极低的成绩单回家时，我父亲就会很严厉地惩罚我。因此我的学习动力很特别，那就是害怕和恐惧。不久后，我开始意识到要想回答出那些低年级试卷上的问题，和聪不聪明没有多大关系。因为如果遇到的问题是"马里兰州的首府在哪里？"要么你必须记得答案是安纳波利斯，要么你就压根儿不知道，答不出来（而且这种答案轻易不会有什么变化）。

我没有耐心也没有兴趣采用死记硬背的方法来学习。所以我找到一些关于训练记忆力的书，这些书大部分可以追溯到17世纪。其中99%的内容我都看不懂（这时我才11岁！），但我能看懂的那百分之一却改变了我的一生，也许还能改变你的一生。我反复地训练、练习自己的记忆力，甚至还自己发明了一些记忆方法（当时却浑然不觉），直至最后书中那些零星琐碎的内容解决了我的记忆问题(课业问题)。这么多年来，我又发明了其他一些记忆方法和技巧，并对它们进行了归纳总结，所以现在我可以来教你方法解决遇到的任何一个记忆或学习上的问题。

人类是地球上唯一一种可以开怀大笑、可以羞涩脸红、可以学习记忆的动物。既然你已经拥有了"记忆"这种能力，那么我教给你的不会是什么新知识，而是一种全新的记忆方法。这种记忆法充满了想象力同时富有创造力，学习效果立竿见影，学习起来趣味盎然。你可以把这种记忆法应用到自己的学习当中去，终究会达到记忆的巅峰。

不过，仅仅记住了一些知识也许并不等同于完全掌握住了它们，不会达到融会贯通那样理想或令人满意的状态。这里就要牵扯到词汇学中的定义。对我而言，"掌握""学习"和"记忆"这些词都是同义词。记忆就是知识，这二者就好比贴在一起的两块磁铁，很难分离。我并不是说记忆就可以代替理解、应用或经验。但记忆肯定是你想拥有其他能力的最直接的捷径，也必然是其他能力最重要的组成部分。

我曾经采访过洛杉矶大学数学系的副教授罗伊·西蒙诺夫。关于这一点，他是这样说的："推理的过程也是要有推理的根据的。而这些根据就已经在你的记忆当中了。如果你原本就没有记住这些根据，那就不可能去理解其他的东西。这是个很明显的道理，你记忆的知识越多，你就有越多的根据去进行推理。学习就是个记忆的过程。"

我相信，我的超级记忆法会帮助你理解地更深，学习能力更强，学习热情更加高涨。兴奋与快乐将伴随着你整个人生的学习过程。如果你学会这些记忆法后就能活学活用的话，这一点我敢保证。

亚当·罗宾森与别人合著过许多书，其中包括《攻破SAT考试》。该书是关于如何通过SAT考试的热卖畅销书之一。他也同意学生应当学习一些记忆技巧，才能合理地应用词汇表上的单词。他说："不过对于SAT考试来说，如果想通过的话，学生们需要的仅仅是尽可能多地去记忆单词和定义，记得越多越好。"（也就是说，SAT考试测验的就是你的记忆力）

我会教你怎样轻而易举地达到这个目标。亚当·罗宾森认为我的记忆法对于提高学生们的理解力也会有所帮助。他是这样评价的："超级记忆法对任何人都会有帮助。而且你的记忆法还会帮助学生们理解学习内容，不仅要记住它们，还要理解它们。正如你指出的那样，记忆那些已经理解了的知识比记忆那些不明白的要容易得多。你的许多记忆方法都可以帮助学生们真正了解学习内容的含义，最终才能更好地记忆，更好地理解。"

几年前，一些教育学家对我的记忆法还嗤之以鼻（不过他们中的大部分人现在都和我结成"统一战线"了）。他们高呼学习概念的重要性，完全忽视了记忆力的存在。但现在他们也同意记忆才是最好的方法。西蒙诺夫教授还说："如果你连概念的内容都记不住，那这些概念又有什么意义呢？"

弗朗西斯·舒格是一位教育学顾问，在纽约市罗宾森－德克士阅读中心做助理研究员，同时她还在纽约达尔顿学校所推行的费舍兰度学习项目中担任阅读与学习顾问。她曾经说过这样的话:"一些老师觉得如果你读懂了一个概念,你就可以自然而然地加以应用。但是如果一个学生根本记不住这个概念,即使他理解了,怎样才能加以运用呢?如果就因为他记不住,在一开始学习这个概念的时候就要开始学着运用它的话,两种学习方法就会在他身上发生冲突。而记忆则是一个很有用的学习工具,它能帮你进行推理。因为你可以到自己大脑的记忆系统中寻找推理需要的数据和信息。"

亚当·罗宾森补充说:"亨利,你的记忆法本身就是那些概念。所以这些方法当然能够帮助学生记住这些概念了。肯定可以,不用怀疑。"

所以说,你记不住的东西,还不如不学。

2 发现记忆的魅力

多年来,我一直都免不了碰到一些恼人的教师,他们都声称记忆力和记忆方法是无关紧要的。可是每当他们教授低年级的音乐课时,却还总是教学生们背诵"好男孩都乖"(Every Good Boy Does Fine.)[1]之类的口诀来记忆高音谱号[2]。而且我敢肯定所有的老师都告诉过学生意大利的形状像靴子,以此帮助他们记忆。

与我交谈过的每一个中学生都知道 FOIL 这个词。该词是 Firsts(第一项),Outers(外侧项),Inners(内侧项),Lasts(最后一项)四个词语的首字母缩写,代表两个二项式相乘展开时的顺序,以得到正确的二项展开式(更多的代数记忆技巧见第 20 章)。我认识的每一个医生或医学类学生也都曾通过背诵下面这首两行诗来记忆复杂的脑神经名称(嗅神经、视神经、动眼神经、滑车神经、三叉神经、展神经、面神经、前庭蜗神经、舌咽神经、迷走神经、副神经和舌下神经)[3]。该诗如下:

---

[1] "Every Good Boy Does Fine" 这句话每个词的首字母加起来是 "EGBDF",正是高音谱号音符的位置。
[2] 高音谱号,音乐中表示音调区位高低的符号,又叫 "G" 谱号。因为高音谱号是由 G 音的线划起,所以 G 音是高于 middle C。音符穿过五线谱的是 "EGBDF"。
[3] 脑神经亦称 "颅神经"。从脑发出左右成对的神经。共 12 对,依次为嗅神经、视神经、动眼神经、滑车神经、三叉神经、展神经、面神经、前庭蜗神经、舌咽神经、迷走神经、副神经和舌下神经,英文分别是 olfactory, optic, oculomotor, trochlear, trigeminal, abducens, facial, auditory, glossopharyngeal, vagus, accessory, hypoglossal。这些词的首字母恰是下面两行诗每一个词的首字母。

On Old Olympia's Towering Top

A Finn And German Vault And Hop.

（登上古老的奥林匹亚塔

一个芬兰人和德国人在跳马）

医学教授也会教给学生们其他的记忆技巧。例如，在记忆头皮结构时，可将"头皮"（scalp）一词理解为皮层（skin）、皮下层（close connective tissue，富含皮肤血管和神经）、帽状腱膜层（aponeurosis）、腱膜下层（loose connective tissue）、骨膜层（peri cranium）五个词的英文首字母缩写，这样学生们记忆起来会更容易一些。

那么这些办法若算不上是便于记忆和学习的方法又算是什么呢？当你听到意大利形状像靴子后，你就记住了，就变成了自己知识的一部分。正如你听到"好男孩都乖"这句话的反应一样。老师们不会用这种方法教你学习其他知识，因为他们自己也不知道应该如何学习。他们只知道上面这些方法（也许还是他们的老师教给他们的），然后教给了你。现在一些私立学校在教授我的记忆法，也有不少大学已经将我的一些书列为必读或选读书目。

我曾接受过《普通心理学》杂志记者乔纳森·弗莱德曼的采访。采访过后，他这样评价我的记忆法："使用过他的记忆技巧的其他人同样也拥有惊人的记忆力……哈里·洛拉尼能够记住海量的信息，还能'教给别人拥有同样的能力'。很明显，他使用的技巧'在心理学研究领域已有完备的记载'。"（单引号内引用的是我的原话。）

不过的确只有三种基本的学习技巧：

1. 将你所需的信息定位；
2. 记住你所定位的信息；
3. 理解并组织你已定位和记忆的信息，这样便可加以应用。

本书就教你如何从第一步跨越到第三步。你的老师们帮你完成第一步，告诉你哪些书上哪几页的知识需要学习或记忆。第三步则通常需要在岗培训。但教授如何记忆信息的基本技巧这一步通常就被忽略了。不过事实并非总是如此：早在公元前500年，西门尼底[1]就已开始使用、教授并记录训练记忆力的方法和技巧。其他人如亚里士多德、西塞罗、柏拉图和苏格拉底也已使用、教授和记录记忆的艺术魅力。跨过历史的长河，学者们改进了、拓宽了并且应用了人类的记忆系统。我现在正站在巨人们的肩膀上，而这里仍有空间可以让你和我站在一起!

好的，接下来，让我来帮你征服记忆那些既枯燥（枯燥到快流泪）又费时的家庭作业的"高峰"。这样你就能以更惊人的速度看清这些事物的本质，从而理解、学习、应用、创新性地思考和分析它们！最后你还能拥有从未有过的大把的空闲时间。

有条规律我已经说过许多遍了，也被刊登过多次了，但我还是想再强调一遍：那就是老掉牙的"基本三会"规律——会读、会写、会算。其实应该改为"基本四会"，第一会就是"会记忆"。如果没有记忆，哪来读写算？所有的教育都是基于记忆基础之上的。我没听说过有哪所中学或大学课程不需要大量的记忆的。所以，请亲爱的老师们告诉我，如果"学习"不是一个记忆的过程又是什么呢？所以，各位教育家们，你们难道意识不到学习如何记忆（同时学习如何阅读）是学习和教育的核心和灵魂吗？你们难道意识不到记忆是任何水平的学生在自己的学生生涯中的头等大事吗？算了吧，饶了学生们吧，不要再让他们做其他的无用功了。如果你的记忆力够好，请你记住"记忆"这个词是两个字，不是一个字。承认记忆方法的重要性吧，这样你才能教你的学生们怎样用有趣的方法记得又快又准，毫不费力地记，充分发挥自己的联想力和创造力去记忆。你不会教？你做不到？好吧，那就让我来吧，因为我能。

---

[1] Simonides，西门尼底（约公元前556～约前468），希腊抒情诗人。

3 更加"聪明"地学习和记忆

可以说锻炼记忆力是一种技巧,也是一种艺术,而且必须从头学起,起初并无捷径可言(不过我的记忆法的确称得上是捷径)。记忆技巧对于你来说可能既新颖又陌生,是一种最初会显得有些幼稚可笑的思维方式。不过不要因为你从来没听说过它就觉得它可笑,千万不要犯这样的错误。一旦你掌握了基本的技巧,你就会马上意识到这些技巧有多么实用,多么神奇,多么地"不可笑"(尤其是当你发现了这些记忆技巧给你带来的进步和成绩)。

首先,你要了解惊人记忆力的秘诀在于强大的"最初记忆力",这一点很重要。倘若有人说自己忘记了做什么事,这说明他最初根本就没有记住。而最初没有记住的事情,就谈不上会"忘记"了。不过你大脑中任何第一时间就能记住的事情都会很容易回忆起来,也不可能会忘记。

这就是我说的"最初记忆力"的意思。锻炼"最初记忆力"就是迫使你大脑中接收的信息第一时间就能在脑海中扎根。而只要应用我教你的记忆方法,你就可以在第一时间记住听到、看到或读到的信息。

对于所有人来说,无论大脑接收过记忆训练还是没有接受过训练,有一条规则都同样适用,那就是:如果想要记住任何新信息,就必须使这条信息与你已经知道或记住的信息联系起来。联系,与记忆紧密相关,指的就是将两种或两种以上的事物捆绑在一起,或者在它们之间建立起关系。

这条规则便是记忆的关键所在,是记忆力的基础。其实人的一生都在使用联系这个方法去记忆,记忆力因此才会存在。你记住的每一件事,其实都已经将它与其他一些事物进行了联系。例如:"意大利与靴子","高音谱号与'好男孩都乖'的口诀"。如果你听到或看到一些事物后会情不自禁地说出"哦,这件事让我想起来……"之类的话时,你就正在使用联系的方法。每一件事都与另一件事有着这样或那样的联系,这就是为什么它会让你"想起来"的原因。

不过问题是,你的大脑进行联系的整个过程都是在无意识的状态下进行的,都没有想到或意识到它,更不用说去控制它。不过从现在开始,你的目标就是要有意识地将你想要记住的信息与其他能够提醒你想起它的信息联系起来。整个过程都要有意识地去联想,要有自己的控制力,争取可以自主控制整个联想的过程。而"链接与固定"记忆法就能帮助你实现这个目标。

一般说来,与含义比较具体的信息相比,抽象、模糊、意思不具体的信息记忆起来要难得多。而"词语代替"记忆法就会使你大脑中的这些抽象信息变得有棱有角,含义变得具体,形象也会变得生动活泼起来。这样这个问题就解决了。

"链接与固定"法、"词语代替"法等都是你日后会用到的有效记忆法。使用这些方法,你肯定会轻而易举地记住课本上的内容。与你以前死记硬背的方法相比,你会飞速般完成自己的作业或工作,体验展翅翱翔般的感觉。引用《攻破 SAT 考试》作者之一亚当·罗宾森的话来说,那就是"你的记忆法还有一个作用,就是向学生们展示并教给他们怎样依靠自己找到最适合自己的记忆法。我的意思是,每个学生都会想'天啊,现在什么记忆难点都不成问题,这种记忆法真是简单易学!'亨利,有个说法叫作聪明地学习,而你则教给人们如何聪明地记忆。"(我明白,他说的是应用到学习中去的策略和方法。补救教学治疗学家弗朗西斯·舒格也很同意这一点,他说:"学习的策略和方法极其重要,而学习和应用的能力则是一种内在的能力,你需要一些策略和方法才能提高自身的记忆力。那些学习上很吃力的学生通常都很缺乏这种能力,他们找不到适合自己的记忆策略和方法。不过你的书中所教授的策略方法的效果都是不可思议的,真是了不起!")

要想学会"聪明"地记忆,你必须首先学会"链接与固定"记忆法。我会教你一些"小窍门"来掌握这个记忆法,在你学习和练习的过程中,你可能不知道怎样将这个方法应用到学习当中去,不过肯定是可以应用的,只是应用之前要先学会一些基础方法和技巧,然后再加以实践,帮助你去学习,而且我保证你会在很短的时间内实现这一切。

学习过那些基础方法和技巧后,你可能会迫切地想向家人和朋友们展示你的学习成果。这样做没有什么不妥,你可以尽情地展示,展示的过程也是一种很好的练习。把这个过程当作一种游戏吧,看看你学习这些技巧方法后到底能记住多少知识和信息。以一种轻松和愉悦的心态去学习,因为这个过程的确非常有趣!

举个例子,如果你想记住北美五大湖的名称,就可以在脑海中想象在湖面上有许多的房屋(英语单词是 homes),homes 这个单词的每个字母就会让你联想到休伦湖(Huron),安大略湖(Ontario),密歇根湖(Michigan),伊利湖(Erie),和苏必利尔湖(Superior)。你想按照面积从小到大的顺序记住它们吗?那么你就可以想象湖上有许多座山,每座山上都站着一个人(这句话在英文中是 On Each Hill Man Stands,按照每个单词首字母的顺序,排列顺序分别是安大略湖 Ontario、伊利湖 Erie、休伦湖 Huron、密歇根湖 Michigan 和苏必利尔湖 Superior)。

你觉得有点傻是吗?的确有点傻,不过却很有用!这种缩略词记忆法时不时地会派上些用场。例如一些中学生会通过记忆"麦海尔"(McHales,人名)这个词记住能量的不同形式。如果你已经熟悉了各种形式能量的开头字母,看到"McHales"这个词就会想到机械能

(mechanical)、化学能 (chemical)、热能 (heat)、核能 (atomic)、光能 (light)、电能 (electrical)，以及太阳能 (solar)。当然这样记忆还是会有问题。问题是如果学生们被问及能量的各种形式时，可能只知道开头字母，却想不起来具体怎样拼写。不过这个问题也可以用"词语代替"记忆法来解决，在本书后面的章节中将会进行介绍。

学习医科和牙科的学生都知道，人类嘴部进行咀嚼需要五块肌肉的配合。如果他们一下就能记住这些肌肉的名称，那么 BITEM 这个词就能很容易地提醒他们这五种肌肉名称分别是：颊肌 (Buccinator)、内侧翼肌 (Internal pterygoid)、颞肌 (Temporal)、外侧翼肌 (External pterygoid)，以及嚼肌 (Masseter)。

我知道根据一些参考书上的记载，日本的富士山高度为 12,365 英尺。为了记住这个数字，我把富士山想象成由数以万计的日历牌组成，因为日历牌会提醒我一年有 12 个月，一共有 365 天，这样我就想起了 12,365 这个数字。可是问题又来了，因为到目前为止我还发现了其他一些高度、宽度或深度达 12,365 英尺的山河或湖泊。

上面这些记忆法的确会有所帮助，但应用起来都有一定的局限性，它们只适用于或只能应用于特定的事物，但我的目的是让你能够联想起、记住任何的知识和信息。下面你会学到一些在内容和范围上都没有局限的记忆法，它们可以在任何时间，任何情况下应用于记忆任何种类的信息。

下面就要开始介绍这些神奇的记忆法啦！让我们一起开始学习吧！

4 链接记忆法
——记住你从未记住的知识

首先你应该明白并且相信,将我先前讲过的规则运用到学习当中去是件轻而易举的事。**为了帮助你记住新信息,你必须以一种滑稽可笑的方式将该信息与你记忆中的信息联系起来。**请注意这条规则中加入了"以一种滑稽可笑的方式"这个短语。这个短语,这样一种概念,是我自行加入到规则中去的。但是也正是这几个词让记忆的过程变得活泼有趣,更重要的是,也正是这样一种概念使这条规则的应用效果更佳。

通常情况下,如果我要求你在第一次听到或读到十个词语时就要按顺序记过去,你一定会认为这是不可能的。你这种想法很正确,在通常情况下你的确做不到。但如果应用了上面这条规则,并学习其他一些简单易行的方法,你会发现这是件如此容易的事情。我发明"链接"记忆法的目的就是让你能够成功地按照一定的顺序记住任意数量的事物。

我就拿十个词语来举个例子吧!比如:台灯、纸张、瓶子、床、鱼、电话、窗户、花朵、钉子和打字机。下面我们会以一种滑稽可笑的方式,通过大脑的想象一次性地将每两个词语联系或者链接起来,然后再把十个词语都链接起来!快来一起试试吧!连起来很容易而且很有趣!

首先要做的是把第一个词语"台灯"的形象印在脑海中。就好像大脑通过眼睛就"看"到了一盏台灯一样。如果你想将其想象成一盏熟悉的台灯形象,比如说家里的台灯,当然也没有问题。因为记忆之初,一些熟悉的事物联想起来比较容易,不过过一段时间后,熟不熟悉就没有那么重要了。

如果我先做一个假设,我们就可以开始把上述规则加以应用了。首先假设台灯是你已经记住了的事物,而你现在要记住的,也就是新的事物是第二个词语"纸张"。好的,将"台灯"和"纸张"联系起来吧。也就是想象出一个包括这两种事物的滑稽可笑的画面,这个画面必须很滑稽,很可笑,甚至离谱到不可能存在。你要使这两种事物间发生一些难以想象的联系,越夸张,越荒谬越好!

也许你可以在大脑中想象有一张巨大无比的纸,上面连着一根绳子,你拉一下绳子,那张纸就像台灯一样亮了!或者你也可以想象自己在台灯上而不是在纸上写字,或者一张巨大无比的纸将台灯点亮了,还可以是一盏台灯在一张纸上写字画画。看过这几个例子后,你明白我说的"荒谬可笑"的联想指的是什么了吗?

将两种事物联系起来的荒谬夸张的方法不计其数,千万不要做一些符合常理的想象,一般这种图像都是记不住的。例如一盏台灯附近放着一张纸,这种想象很正常,很合乎情理,也极有可能发生,但对于记忆来说起不到什么作用。

好了,那么下一步呢,就是要使刚才你已经选好的或者已经想象好的画面在脑海中一瞬间清晰地浮现出来,要在脑海中清晰地看清楚这个画面,把画面想象成真实发生的情景。现在请不要再继续读下去了,马上停下来想象一下你已经选择好的那幅包括"台灯"和"纸张"的画面吧!现在就开始!

判断这条规则应用起来效果是否理想的唯一途径就是进行尝试。不过你要记住,即使这种方法没什么作用,但仅仅尝试着应用一下也能增强你的记忆力。从现在开始,每当我告诉你来"想象一下画面"时,请你最好把书放下,让想象好的画面在脑海中清晰地浮现出来。

如果你已经想象完毕,现在就不要想它了。让我们继续,下一个需要联系的事物是"瓶子"。你必须想象出一幅夸张的画面,将"纸张"和"瓶子"联系起来,包括其中。现在把那盏"台灯"撇在一边,不要再去想了。

你可以想象从瓶子中倒出来的不是液体而是一张张纸,或者,你可以想象一个巨大无比的瓶子是由纸做成的,或者一张巨大的纸正拿着瓶子喝水。选择其中一幅画面,或者你也可以自己想象出一个情景(要同样地夸张和不可思议)。最重要的是要保证你的脑海中能够一瞬间地浮现出这幅画面。现在就要求自己这样做。下一个要联系的事物是"床",你必须将瓶子和床联系起来,你可以试着想象出自己设计的夸张情景,这是件很富有个人特点的事情。如果你能自己想象出这样一幅画面的话,效果肯定会更好。因为当你想象时,你的注意力就集中在这两件物品上,或者两条信息上,因为你从未采用这种方法去记忆过。**这个尝试去联系的过程本身就会将这些信息牢牢地锁定在你的记忆之中。**

不过对于这次联系的过程,我会给你提一些建议,因为这是你第一次尝试这样做。正如下图所示,一个巨大无比的瓶子正在床上睡觉。

或者你也可以想象自己在一个巨大无比的瓶子中而不是在床上睡觉,或者你的床上堆放着成百上千个瓶子。你可以在这些荒谬的画面中任选其一,然后让它在脑海中清晰地浮现出来。

下一个要记忆的事物是"鱼"。你可以使用相同的办法，想象一条大鱼躺在床上，把床单都弄湿了。或者你在钓鱼的时候没有钓到鱼，而是钓到了一张床！你可以瞬间就判断哪幅画面更加离谱，你甚至可以想象有一张大床正在河边钓鱼。好了，想象一下画面吧！

我也意识到想象这些荒谬可笑的画面时的确有些奇怪，这很正常。如果你开始想象这些画面时有点费劲的话，这是件好事，因为你所作出的这些努力都会对你入门大有帮助。我们在这里总结一下，总共有四种简单的方法可以让你想象的画面和情景荒谬夸张甚至不可思议。第一种是想象中的物体尺寸要比现实中大，要与真实尺寸不相称。这就是为什么我在举很多例子的时候都提到"巨大无比"这个词，就是要迫使你做到这一点。

第二种方法是夸大物体的数量。你也可以想象床上有成千上万条鱼。另外也要想办法让想象的这幅画面动起来，因为动作记忆起来相对来说要容易些。如果你想象有数以万计张纸（夸张）从台灯下飞出，飞到你的脸上（把你的脸打得很疼），这样的画面就动了起来（甚至有些暴力）。

最后一种方法是使用代替法。指的是想象一种事物去代替另外一种事物。例如你想象自己是在一条巨大无比（与现实尺寸不相称）的鱼上面而不是床上睡觉，这就是代替法。如果这条鱼在咬你，或者把你身上都打湿了，这样画面就动了起来。这四种办法中，你可以选择一种或多种方法使得想象的画面变得荒谬离谱。这样不久后，你会发现自己在记忆或想象时，这些方法已经信手拈来。

你刚刚记忆住的词语是"鱼"，那么下一个新词是"电话"。现在来想象一幅包括鱼和电话的夸张画面吧！你可以想象一条巨大无比的鱼在打电话，同时浑身湿漉漉的，水不停地滴落到地面上，如下图所示。

或者，你正对着一条鱼而不是电话机在讲话，或者，当你正在打电话的时候，有成千上万条鱼从电话中飞出，正好击中你的脸庞（你可以注意到每个画面中至少应用了四种方法中的一种）。你可以选择一幅自己喜欢的夸张画面，最重要的是，一定要清晰地在脑海中看到这幅画面。

下一个词语是"窗户"。想象一幅关于电话和窗户的离谱夸张的画面吧！你可以想象自己将一台巨大无比的电话扔到关闭着的窗户上，顿时窗玻璃摔成碎片，或者，看到一扇窗户正在打电话。一定要保证自己选择好的这幅画面可以在脑海中清晰地浮现出来。

下一个词语是"花朵"。你可以想象在一个花园中，开满了一扇扇的窗户而不是美丽的花朵，甚至还可以想象自己正拿水去灌溉它们。或者，也可以是在你打开窗户后，有成千上万朵花儿从窗户中飞进来。想象一下这幅画面吧！

下一个词语是"钉子"。想象你正拿着锤子把一朵花而不是钉子钉到了墙上。

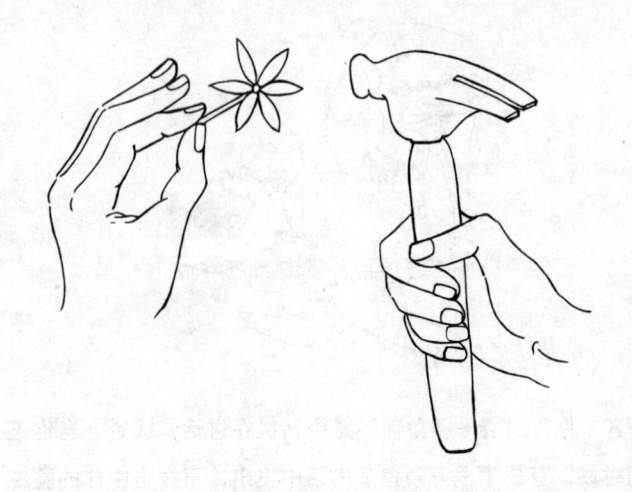

（不久后你就会发现这些不合常理的画面比那些符合常理的更容易浮现在脑海中。）你还可以想象花朵中生长出了许多巨大的钉子，或者一枚巨大的钉子而不是园丁正在灌溉花朵。我可以接二连三地举出许多例子，但你需要的只是一幅画面，并让它在脑海中清晰地浮现。

最后一个词语是"打印机"。你可以想象自己将一枚巨大无比的钉子钉到了打印机里面，结果导致打印机瘫痪。或者打印机上所有的按键都是钉子，你按下打印键的时候却伤到了自己的手指。还可以是一枚巨大的钉子正在使用打印机打印。不要以为这是最后一个词语所以不做任何联想也会记住它，事实并非如此，你不做联想的话还是会记不住。所以还是想象出一幅画面来吧！

你有没有尝试着在脑海中把所有画面从头到尾回忆一遍？如果还没有，回到第一个词语上，尝试着回忆一遍吧。我敢肯定你回忆过后肯定连自己都大吃一惊，因为你已经记住了所有的这十个词语，而且是按照顺序记下来的。你不想尝试一下吗？好的，现在就拿起手中的笔来，在下面的空白处填上正确的答案。请你在填写过程当中尽量不要到前面去翻找答案。

你可能会记得第一个词语是什么,不过由于我还没有告诉你应该怎样记住它(在本书后面的部分我会进行讲解,在问答环节),所以现在我来告诉你,第一个词语是"台灯"。回忆一会儿。"台灯"这个词让你想起了什么呢?你用这盏台灯做了哪些疯狂的或是荒谬的联想呢?也可能是这盏台灯做了哪些可笑荒唐的事情呢?又或者是其他什么东西变成了这盏台灯?台灯让你想起了_____。

如果你在空白处填上了"纸张",那么恭喜你,你答对了。现在再想想"纸张","纸张"又让你想起了什么呢?纸张让你想起了_____。

"瓶子"吗?对了,就是瓶子。现在回想一下瓶子,瓶子让你联想到了什么呢?或者这个瓶子做了什么疯狂的事呢?瓶子让你想起了_____。

瓶子应该是让你想起了"床"。现在回想一下床,床一定会让你想起_____。

"鱼"才是正确答案。回想一下"鱼",你一定想起了_____。

对了,你答对了,就是"电话"。电话又让你想起了_____。

如果你写的答案是"窗户",那么你就答对了。说明你想象的荒谬可笑的画面都很成功。窗户又让你想起了_____。

对了,当然是"花朵"。那么你拿着这朵花正在干什么呢?或者其他什么东西而不是花朵正在生长呢?也许你正在把一朵花而不是_____钉到了墙上。

"钉子"是正确答案。最后呢,钉子让你想起了_____。

正确答案就是"打印机"。你填出了所有的答案吗?都填对了吗?如果你情不自禁地想惊叹一声,那就喊出来吧,我能理解你的感受。你应该为自己感到自豪,因为你已经成功做到了许多人做不到的事情,那就是仅仅读一遍就能按照顺序记住十个词语。

如果你在填一两个空格时犹豫了一下，那也没关系。只要回过头来加强一下对应画面的记忆就可以了。但是一定要保证想象的这幅画面足够得夸张和荒谬，并保证它能够在脑海中清晰地浮现，你需要在一秒钟甚至更少的时间内看到这幅画面，其实看的时间长短并不重要，重要的是画面清晰与否。然后再检查一下自己是不是能够独立地将从"台灯"到"打印机"的十个词按照顺序都写出来。我知道你肯定能，所以我才会让你尝试，因为这样你就可以建立起自信心。花些时间检查一下吧，现在就开始！

下一步呢，首先试着回想一下打印机。然后你联想到了什么呢？当然是钉子了；那么想想钉子，你又回想到了……花朵；对了，花朵让你回想到了……当然了，是窗户；想想窗户，你又会马上回想到了……电话；电话应该会让你回想到……鱼！对了！鱼又让你想到了……床；床让你想到了……瓶子；瓶子让你想到了……纸；最后呢，纸让你想到了……台灯。

你意识到自己刚才完成了什么事吗？你按照相反的顺序记住了所有的词语。当然了，在学校时你不需要逆向记忆书本上的知识，在这里我只是想让你体会到这种方法的奇妙之处，而且当你向别人展现你可以倒背如流时，这得是件多么"酷"的事儿呀！

我把这个方法叫作"链接"记忆法，因为你自己创造了一条链接，将所有你需要记住的信息都链接了起来。你可以将记住的信息都储存在脑海中，想储存多久就储存多久，或者需要储存多久就可以储存多久。你需要做的不过是不时在脑海中回顾一下这条链接。这个过程也不会花费太长时间。一旦你使用这种方法记住了所需信息，每当用到这些信息时，或者把这些信息再加以运用的时候，你都会在脑海中自动地回顾或回想。当你回顾了三到四次后，就没有必要再继续回顾了。那些夸张离谱的画面就会慢慢从你脑海中隐退，你再也不需要依靠这些画面去记忆，那些记住了的信息就变成了你知识体系的一部分。

如果你能一次性记住十个词语，那么你一次也可以记住 15 个或 16 个，一旦你能一次记住 15 个或 16 个，你就能一次记住 25 个或 26 个，其实这样记忆并没有什么数量上的限制。当然把所有词语链接起来的时间会更长，链接 50 个比链接 15 个或 16 个要花费更多的时间。但无论你是否应用链接记忆法，链接 50 个都会花费更长的时间，这很正常。

我想再次强调一下，仅仅尝试着去使用链接记忆法去记忆一连串的事物，都会迫使你以一种从未尝试过的方法将记忆力同时集中在两件事物上。这个方法可以使你注意力集中，迫使你锻炼自己的"最初记忆力"。你应用这个方法的同时，记忆的信息就已经在你的大脑中扎根。

这种链接记忆法基本上只能帮助你按照一定次序去记忆知识。不过现实当中的确有许多需要我们按照次序去学习和记忆的东西，至少在你刚开始学的时候是这样。本书中我会提供一些链接记忆法的专项练习。由于这种记忆法对你的帮助是不可估量的，所以一定要多加练习和使用，加深理解。在你尝试着自己做过书上的练习之后，还有一种很好的练习方法就是向你的家人和朋友们展示你的学习成果。首先让别人帮你挑选出一些物品并写下来，可以挑选 15 个或 16 个，或者挑选出你认为合适的数量。

让他写下来有两个原因。第一个原因当然是让他能够检查你正确与否。第二个原因是让他写下来，也可以让你有时间进行充分的联想。

当他已经列举出了 15 个或 16 个物品后，你便可以按照次序从头到尾、一个挨一个地说出来。如果有一两个忘记了，也不必慌张。让他告诉你到底是什么，然后自己加强记忆对应的联想和画面，然后按照相反的顺序说出这些物品。这样一来，你当然会让别人大吃一惊！试一试吧！看看自己的能力如何。不过在向别人展示之前，我建议你还是先完成这一章节后的那些练习，而且在完成练习的基础上读一读"问与答"那一部分内容。

我希望在你将记忆法应用到学校学习之前可以彻底地理解链接记忆

法的核心内容（虽然你将记忆法应用到学习中去的时间会比自己想象得更早）。我明白让你完全熟悉这些概念也许需要花费一定时间，不过在你理解之前，这些记忆法一直会节省你用于记忆的时间。**为了利用链接记忆法来帮助你的学习，好好地学习这个方法吧！**

问与答

我教授这些记忆法的时间已经很长了，所以应该可以准确地猜测出你也许会问的问题。让我们一起看看我的猜测是不是准确吧！

问：我怎么记住列表中的第一个词语呢？

答：为了节省时间，可以通过一些荒谬夸张的联想将第一个词语与自己联系起来，这样就够了，或者将第一个词语与你所要展示的朋友或其他熟悉的人联系起来都可以。当你把这种记忆法应用到学习材料中去的时候，课程本身的内容就会让你联想起词语本身。当然了，还有一种办法是从链接中的任何一个词语开始（最好是前面的几个），然后按照相反的顺序记过去，这样也能记住第一个词语。

问：使用链接记忆法究竟可以记住多少个词语呢？

答：其实数量上真的没有任何限制。由于每一个词语都会使你联想到下一个，所以到底有多少个词语并不重要。当然了，链接越长，包括的词语越多，你就越需要经常性地在脑海中回顾这条链接。

问：我可不可以在脑海中想象出一个"故事"，将所有需要记忆的词语链接起来？

答：不，绝对不可以！每一对词语都应该作为一个独立的对象来处理。尝试着将所有词语都包括进一个画面中或故事里面只会让你自己犯糊涂或变得犹豫。每个联想只能与两件事物有关。也许联想的过程中的确会想象出某些故事情节来，但就像我已经强调过的那样，每个故事只能与两个事物有关，每个故事只能成为一对事物所独有的一幅画面。

问：为什么我脑海中想象的画面一定要荒谬可笑或者夸张地令人不可思议呢？

答：我们每天都在忘记那些普通的日常琐事，但那些荒谬可笑的想象却可以使任何普通事物变得不再"普通"起来。想象出一幅普通的画面并不费时也不费事，但是它们会在脑海中转瞬即逝，因为不需费力记忆的事情就不可能被记住。把画面想象地荒谬夸张就会迫使你去费力地想象这些事物，迫使你锻炼自己的"最初记忆力"，否则使用那些普通画面将任何事物链接起来记忆都将收效甚微。

问：如果同样的事物出现在不同的链接里，或者同一个链接中多次出现了同一个事物，是不是会很容易混淆呢？

答：这个问题问得好。我的回答是使用链接记忆法你可以记住无数个链接，因此不同的链接中出现相同的事物也不会难住你。你需要的只是亲自尝试，看看我说的对不对。而且如果同样的事物在一个链接中出现了多次，这也不会是个问题，你只要按照我说的方法去组成对应的画面就可以了，这些画面不尽相同，都会很有效地提醒你回忆起正确的事物。

问：我使用链接法记忆过的事物会在大脑中储存多久呢？

答：只要你记住了关于任何信息的任何链接，你都可以根据自己需要记忆的时间或想要记忆的时间来储存这些信息。因为我们必须首先假设一个前提，那就是除去做过的练习、展示性质的练习和"为了学习而学习"的情况，你记忆的任何信息都是要拿来应用的，正是应用的过程使你加深了对这些信息的记忆。一旦信息在你脑海中扎了根,它们就会成为你知识系统的一部分,原本想象的那些画面都会渐渐隐退,你也不会再依靠它们。你需要记住这些信息多长时间,它们就会在你大脑中储存多长时间。

问:如果我向朋友展示的时候,朋友选择了一些抽象模糊的事物让我记忆,该怎么办?

答:告诉他只选择那些具体的事物。不要让他控制你,你要来控制他。记住,是你在为他展示你的记忆力。如果他拒绝了,就不要为他展示了。这肯定会是他的损失,不是吗?这只是尚未学习的问题,因为你不久就会像学习记忆具体事物那样轻易地学会记忆抽象事物。这样的话,这种问题就不会再存在了。

问:如果我通过链接记忆法记住了一些我将来不会经常应用的信息,那么这些信息是不是不久就会从大脑中逐渐淡去?

答:是的,你会忘记一部分,除非你经常在大脑中温习。我指的是三天温习一次,然后每周回顾一次。其实复习一下并不浪费时间,只是一种头脑练习,通过练习,这些信息就会铭刻在你脑海里,在你需要的时候随时都可以加以应用。

问:我已经迫不及待地想在学校的学习中应用链接记忆法了,我什么时候可以开始用呢?

答:其实,如果你需要记住一长串有具体含义的事物,你现在就可以开始用了,不是吗?不过我还有一个更好的建议:为什么不在应用之前先完成后面的练习题呢?

完成下面这些有趣的练习吧!祝你练地开心!
下面有四组练习题,是四个具体物品的列表,请通过链接记忆法记忆每一组列表内容。记忆的过程中一定要保证每幅想象出来的画面都尽可能地夸张荒谬,并保证每一幅想象的画面都能在脑海中清晰地浮现至少一秒钟。并且要牢牢记住使画面荒谬起来的四种方法:与现实不成比例、夸张、加入动作以及代替。不必一次性把四组练习都完成,你的大脑也要休息休息。

第一组	第二组	第三组	第四组
鼓	别针	羽毛	飞机
绳子	遮光窗帘布	蛇	茶包
胶水	玻璃	腰带	肥皂
钥匙	桌子	杯子	电话
图画	汽车	眼镜	脚
灯泡	管子	高楼	垃圾箱
球	邮票	梳子	狗
画框	笼子	剪刀	钢笔
饼干	冰块	衬衫袖扣	盘子
录音机	比萨	大象	戒指
椅子		床	电线杆
鲨鱼		面包圈	卡片
硬币			订书机
婴儿			雪橇
公文包			纸包
			连衣裙
			叉子
			树
			杂志
			牙齿

我希望你可以完成这四组练习，以证明自己完全能够记住这些物品，建立起自己的自信心。完成练习后你就可以自己设计练习题了，还可以向家人和朋友们展示自己的学习成果了呢！

不过这里还有最后一个练习。给下面每一对物品都快速写下三个进行荒谬联想的主意。设计这个练习的目的就是练习快速地想象荒谬夸张的画面，当然了，这也是个很好的锻炼想象力的练习。千万不要进行合理的想象！现在就开始吧！翻过这一页，完成下列练习。

牙刷和　<u>用吉他刷牙</u>＿＿＿＿＿＿＿＿＿＿＿＿＿＿＿
吉他　　＿＿＿＿＿＿＿＿＿＿＿＿＿＿＿＿＿＿＿＿
　　　　＿＿＿＿＿＿＿＿＿＿＿＿＿＿＿＿＿＿＿＿

岩石和　＿＿＿＿＿＿＿＿＿＿＿＿＿＿＿＿＿＿＿＿
铅笔　　＿＿＿＿＿＿＿＿＿＿＿＿＿＿＿＿＿＿＿＿
　　　　＿＿＿＿＿＿＿＿＿＿＿＿＿＿＿＿＿＿＿＿

话筒和　＿＿＿＿＿＿＿＿＿＿＿＿＿＿＿＿＿＿＿＿
书　　　＿＿＿＿＿＿＿＿＿＿＿＿＿＿＿＿＿＿＿＿
　　　　＿＿＿＿＿＿＿＿＿＿＿＿＿＿＿＿＿＿＿＿

台灯和　＿＿＿＿＿＿＿＿＿＿＿＿＿＿＿＿＿＿＿＿
领带　　＿＿＿＿＿＿＿＿＿＿＿＿＿＿＿＿＿＿＿＿
　　　　＿＿＿＿＿＿＿＿＿＿＿＿＿＿＿＿＿＿＿＿

网球拍　＿＿＿＿＿＿＿＿＿＿＿＿＿＿＿＿＿＿＿＿
和　　　＿＿＿＿＿＿＿＿＿＿＿＿＿＿＿＿＿＿＿＿

橡皮圈 _____

轮船和 _____
曲别针 _____
_____

易拉罐 _____
和轮子 _____
_____

圆锯和 _____
咖啡壶 _____
_____

香烟和 _____
美钞 _____
_____

门拉手 _____
和豆子 _____
_____

刻度尺 _____
和信件 _____
_____

报纸和 _____

大理石　_____
　　　　_____

日历和
沙发　　_____
　　　　_____

头发和
记事本　_____
　　　　_____

蛋糕和
纸板火柴_____

　　你一定觉得做这些练习很有意思吧！如果你想有更多的练习机会，只要把每一组的第二项分别移到上一组中去就可以了。这样你就可以分别练习"牙刷和铅笔""岩石和书"等等之间的想象和链接了。只要你乐意，你还可以将这些物品随意转换，这样就可以得到许多组不同的物品，加以练习。

　　如果你很轻而易举地就完成了这些练习，那么你就可以继续下一章的学习了。如果你感觉有些难度的话，那就回头再读一遍这一章的内容，再做一下这些练习，然后再开始下一章的学习。

5 运用链接记忆法
——发现学习的乐趣

一旦你完成了"想象夸张离谱的画面"之类的练习后,你就可以准备好朝着更好更快的记忆和学习迈向一大步了。你接下来的学习过程会充满无限的乐趣与想象,同时你也可以开始更加"聪明"地学习和记忆。

很多中学生和大学生们给过我举过数不清的例子,都是他们解决不了的记忆难题。他们都很苦恼地对我说:"唉,要是我能很快地记住这些知识,而且永远都忘不了就好了。"这里我就举出其中一个例子,本书后面章节中我还会把其他的都列出来。这个例子就是矿石"硬度标度"列表的记忆,其中共包括有序排列的十种矿石。为了能够辨别各种矿石种类,任何学习地质学的学生都必须把它记下来。在我搜集的资料中,一位教师的地球科学教科书上面,每一种矿石都标明了从 1 到 10 的十种硬度。学生们告诉我他们最好还能同时记住这些表示每种矿石硬度的数字。听起来很难是吗?下面我们马上就讲讲怎样记住这些标度。既然你已经学习了怎样按照顺序记忆事物,那就先练习一下这个方法吧。

下面就是一个硬度标度的列表(其中按照硬度从小到大的顺序列出了十种矿石,以助于学生判断矿石的软硬度)。

1. 滑石(talc)
2. 石膏(gypsum)

3. 方解石（calcite）

4. 萤石（fluorite）

5. 蛋白石（opalite）

6. 长石（feldspar）

7. 石英（quartz）

8. 黄晶（topaz）

9. 刚玉（corumdum）

10. 钻石（diamond）

（注：在我查阅过的一些教材和参考资料中，第五种矿石蛋白石还可以被称作"磷灰石"（apatite、opaline）。长石也可被称作"正长石"（orthoclase）。刚玉也叫作"金刚砂"（corundum）。在撰写本书期间，我在其他一些打印的专业技术材料中也发现这些矿石的名称和拼写都有轻微的不同，所以也许你在不同的参考资料中会遇到与上述列表的不一致之处。当然这并不重要，因为这里我只是想让你掌握记忆的技巧，学会之后，你自然可以应用它去记忆任何内容的材料。）

我们现在的任务是：按照顺序记住这十种矿石，从滑石到钻石，解决方法：使用链接记忆法。不过等一下，我们这里可以使用链接记忆法吗？我们想象不出来诸如"滑石""钻石"等等之类的东西呀。答案是肯定的，我们当然可以做得到，因为链接主要是基于"联想原则"之上的。我已经教给你怎样从一件事物联想到另一件事物。这是个很自然的过程，你已经练习过多次了，而且在日后的学习中还会不断去练习和应用。这样一来，你看到某件事物，大脑就会很自然地反应出另一件事物来，你会马上打个响指说："哦，这个提醒了我！"整个大脑联想过程都是很自然的无意识的精神活动，你自己都无法加以控制。但我已经教给了你怎样有意识地去联想，自己如何控制这个过程，这样那些荒谬离谱的画面就会迫使你从一件事情联想到另一件事情。

现在我们将这个方法的应用范围稍微扩展一下。当你看到"滑石"（talc）这个词的时候你会想到什么呢？先在大脑中联想一下。是不是会想到"谈话"（talk）这个词呢？两个单词发音十分相似，不是吗？甚至你还会想到"拿走"（take）、"高大的 k"（tall k）这些词语或短语。当然了，这个词也能让你很容易地想到"滑石粉"等等。是的，"滑石"这个词的确能让你想起，或提醒你想起其他的词语或事物，不过最重要的是，它们中的任何一个反过来也会让你联想到"滑石"呀！

所以，我们是可以将"滑石"这个词语的形象具体化的，因为我们可以很容易将"谈话""拿走""高大的 k"和"滑石粉"这些词语的形象具体化。它们作为"滑石"这个词的代替词语，记忆起来和记忆"滑石"这个词语本身效果都是相同的，因为它们会让你不由自主地就想起"滑石"。一旦你深刻领会了这个方法的关键所在，你就可以应用链接记忆法记住所有矿石的名称，就好像你可以按照顺序记住那些具体的事物一样，也会像记住台灯、纸张、瓶子等等一样简单。我们一起来试试吧！跟着我来做。

首先选择你认为可以提醒你想起"滑石"的一个代替词语或一幅画面。因为教学的需要，我会假设你想象的画面是有关"滑石粉"的。既然你已经学习过链接记忆法了，那么你就知道下一步就是要将"滑石粉"与下一种矿石联系起来，那就是"石膏"（gypsum）。这个词语能让你联想到什么？这个词语的发音和哪些词语相似呢？是不是和"吉卜赛人"（gypsy）差不多呢？现在要将"滑石粉"与"吉卜赛人"联系起来，请你在这两种事物间进行大胆的想象。也许你变成了一个体型巨大的吉卜赛人（或者其他任何一个在你脑海中闪现的词语）向全世界的每一个人身上都播撒着滑石粉。想象一下这幅画面，或者任何一个你自己想象的画面都可以，让它在脑海中清晰地浮现。现在就想象出来，然后和我一起看看怎样继续链接起其他矿石的名称。

下一步你应该由"石膏"这个词联想到"方解石"(calcite)。"叫喊＋视力"(Call sight)、"叫喊＋身高"(call's height)或者"冰冷的场所"(cold site)这些词语都可以让你联想到这个词。或者说你可能认识一个叫卡尔（Cal）的人，他的身高（Cal's height）或者他的皮肤（Cal's hide）也都是合适的代替词组。所以你想象的画面就可以是一个人正在测量身高，而一个吉卜赛人把每一个测量数据都大声公布出来，这就是"吉卜赛人大声公布身高数据"，现在来想象一下这幅画面（记住，我可不管你想象的画面有多可笑，无论可笑还是夸张都可以）。

接下来，"地板＋正确的"(Floor right)当然就会使你联想到萤石（fluorite）了。如果这个词组是你自己想起来的，记忆起来效果会特别好（我的主意其实帮不了你什么忙，如果你能创造出自己的链接和画面的话会更好。但是没有办法，我已经说过了，刚开始学习时我只能这样一步步地给你建议）。

有个吉卜赛人正在大声公布身高数据，而他每报出一个数字，地板都会喊一声"正确！"这样二者就可以联系起来了。想象一下这种情景，或者创造出自己的画面也可以。

下一步你需要可以提醒你想到蛋白石（opalite）的词语或词组。其实有很多,例如"乳白色玻璃＋灯光"(opal light)、"噢＋伙伴＋灯光"(oh pal light)、"噢＋礼貌的"(oh polite)以及"打开＋灯光"(open light)，将蛋白石与其中任何一个联系起来就可以了。也许由于地板每次都说"正确"，所以人们情不自禁地感慨说："噢！它太有礼貌了！"想象一下这幅画面吧，让它在脑海中浮现一秒钟。

下面我们要从蛋白石联想到"长石"(feldspar)。"落下＋星星"(felled star)这个组合就可以让我想到长石这个词，因为我的第一感觉告诉我它们的发音的确很相似。另外，"田地＋拳击"(field spar)、"落下＋长矛"(fell spear)、"感觉到＋长矛"(felt spear)以及"落下＋拳击"

(felled sparring) 这些词语组合也都是可以的。找准词语后，你就可以想象自己对待一颗陨落的星星十分有礼貌。这样二者就链接了起来，想象一下自己想出的那幅夸张画面吧！

现在我们要加快速度了。这颗陨落的星星看起来像一枚巨大的二角五分钱硬币（quarter，与石英"quartz"发音相似），或者大量的（quarts of）液体从这颗陨落的星星中喷射而出，还可以想象星星喷射出的大量液体把你全身都淋湿了。想象一下这幅画面。

然后将词语"二角五分硬币"或者"大量的"与"脚趾＋通过"（toe pass）、"去通过"（to pass）或者"麻醉药＋驴"（dope ass）这些发音类似于"黄晶"（topaz）的词语组合中的任何一个联系起来。也许你可以想象自己将大量的液体倾倒在一头昏迷了的驴子身上。想象一下吧！

这头驴呢，后来吃了一个苹果核（core），这个苹果核是在朗姆酒（rum）中浸泡过的，吃过后驴子就变成哑巴（dumb）了。"苹果核""朗姆酒"和"哑巴"三个词的英文单词加起来就是"core rum dumb"，发音类似于"刚玉"（corundum）。想象一下这幅画面吧！

下一步，你可以想象自己将这个巨大的苹果核绕在手指上（只要能起到提醒你的作用就行了），变成了一枚钻戒（这就让你联想到了钻石）。或者这个苹果核像一颗钻石一样耀眼，甚至还可以想象它正在玩牌，手里拿着的一张牌是方块纸牌（钻石"diamond"也有纸牌中的方块的意思）。选择其中一幅画面即可，然后在脑海中想象一下。

其实，我在这里讲解大脑应该怎样进行想象所花费的时间，要比你实际进行想象花费的时间要长得多。但我必须要利用一定的时间，在本书中占用一定的空间来教你怎样将这十种矿石链接起来记忆。当你熟悉了这种记忆法的时候，你就可以很快记住这个列表，那时你的记忆时间要比我在这里解释的时间短多了。

现在就来个自我测验吧！看看是不是记住了矿物"硬度标准"列表。从"滑石"开始一直到结束，先来试试吧，在下面空白处填上正确的矿物名称。

滑石，_____，_____，_____，_____，_____，_____，_____，_____，钻石。

反过来，如果你想倒着记，肯定也会记得住。如果你是一个正在学习或者将要学习地质学的学生，你就已经领先于同班同学了。同样的道理，如果你想记住"蛋白石"的另一个名称"磷灰石"（apatite），你就可以用"胃口"（appetite）这个词语来代替"噢＋礼貌的"这个词语组合。如果你想记住"长石"的别称"正长石"（orthoclase），就可以用"船桨＋拖拽＋班机"（oartowclass）而不是"一颗陨落的星星"。至于刚玉的别称"金刚砂"（corundum）呢，记忆时只要在你想象的画面中用"跑"（run）来代替"朗姆酒"（rum）就行了。也许你想用"硬度标准"作为链接的开头，这也是可以的（你可以想象自己正在喷洒大量的滑石粉）。不久后你就会学会怎样记住每一种矿石在列表中的排序了，下面进行下一章的学习吧！

6 数字的记忆

——固定记忆法法则

迄今为止,如果你一直按照我教给你的去做的话(如果没有,就不要接着读下去了,现在就要回过头去补上),你一定会让自己都大吃一惊,并且满心欢喜,信心百倍了。不过,这一切才刚刚开始,你还有很长的路要走呢!

根据《吉尼斯世界纪录》的记载,亚马孙河畔有一个原始部落,该部落的成员被称为洋科人。据说洋科人的语言是世界上所含数字最少的语言,他们数数只能数到三。不过在他们的语言中,"三"这个词是这样拼写的:poettarrarorincoaroac,这样记忆起来就有问题了。倘若他们能数到 12 的话,那个词又会是什么样,你敢想象吗?不过,即便是那样,你也可以记住那个词语。更神奇的是,我敢保证你可以记住无数个数字。

让我们继续朝着前方的目标迈进吧!现在,你一定认为按照顺序记忆一些信息并不是件难事,会觉得不那么费劲儿。不过,假设你已经记住了一个列表中的所有事物,你能马上说出,例如第七项是什么吗?现在就试试,请快速说出硬度标度列表中的第七种矿石的名称。明白我的意思了吧?你肯定知道答案,但要想好一会儿,不是从头数到七就是从后往前数到七(十、九、八、七)。你要么需要在大脑中一个挨一个地回想一遍,要么会掰着手指头数到第七项。下面我来教你一种记忆起来更好,更方便的方法,这种方法叫作"固定记忆法"。

学会固定记忆法后，你就可以随心所欲地记住任何信息了，可以按照顺序记，也可以不按顺序，甚至还可以记住任意一项的排列次序。当你能熟练应用这个方法时，你就会像无意间发现一件稀世珍宝一样地惊喜。因为一旦你学会了记住任意一条信息及其次序以后，你就可以利用自己的记忆力做出一些别人无法做到的事了！

固定记忆法的核心也就是关键在于语音数字与字母表（掌握住核心内容，你就可以了解这种无论何时何地都能记住任何种类的数字的记忆法了）。所以这种记忆法是建立在发音字母和音节的基础之上的，而且简单易学，神奇有效。

我们都知道，所有的数字都是由最基本的十个阿拉伯数字组成，即1，2，3，4，5，6，7，8，9，0。巧合的是，英语中也有十个基本的辅音[1]。其实我知道辅音的总数远远不止十个，但为了教学上的方便，我们只关注最重要的这十个辅音。虽然表面上看来辅音的数量超过了十个，但其实不然，因为有一些字母在语音系统中的发音其实是相同的。例如辅音字母T和D，虽然是不同的两个字母，但其实二者的发音在本质上没有任何区别。只不过一个是清辅音，一个是浊辅音，一个比另一个的发音要"重"一些，如此而已。

我们说二者发音相同是因为在读这些字母时，嘴唇、舌头、牙齿等发音器官的位置是一致的，因此才说这两个字母有相同的发音（这样至少可以达到我们的教学目的）。当读字母T和D时，你都是将舌尖接触到了上颚前齿的后部，只不过D发音要轻一些，但二者在语音系统中没什么大的区别。

如果你懂得了上面这个规则的话就好办了。除此之外，字母F与

---

[1] 元音是指发音时不受到发音器官的阻碍发出的声音；辅音是指发音时受到发音器官的阻碍发出的声音。英语中辅音包括十对清浊对应的辅音和3个鼻音、3个似拼音和2个半元音。在这里，作者重使用那十对清浊对应的辅音，并将每一对清辅音和浊辅音归为同一个发音，所以才说英语中有十个基本的辅音。

字母 V 或 P 和 H 的发音一致，读这两个音时，你的上颚前齿都是压住下唇或双唇的。只不过 V 音要比 F 音轻一些，但二者的发音部位保持一致。同样，字母 P 与 B 的发音一致，发每一个音时你的嘴唇位置都相同。字母 K、发浊辅音的字母 G[1]（例如在单词"绿色 green"中）和发浊辅音时的 C（例如在单词"蛋糕 cake"中）都是同样的从喉咙后部发出的浊辅音，发音一致。字母 J 与字母组合 SH,CH（例如在单词"奶酪 cheese"中）、发清辅音时的 G（例如在单词"地质学 geology"中）的发音就可以说是相同的，字母 Z、S 和清辅音 C（例如在单词"中心 center"中）也是如此。

这样看来，英语中一共有十对这样的辅音。我已经完成的工作就是将十个基本辅音与十个数字分别对应起来，而且这些组合一一对应，不能互换，永不更改。所以学习之后，你脑海中的记忆组合也永远都是它们，不会改变。你会轻而易举地记住这些组合，因为不需要死记硬背（我已经完全告别了死记硬背的日子，这样只能做无用功）。我会教给你记住每个组合的简便方法，不过其实你也只有在学习之初才需要这些方法。当你把注意力集中在每一个组合上，用心学习这些看起来有些可笑的简便方法时，读过一遍后你就知道该怎么用了。

你要在大脑中始终铭记这一点：我们在这里只研究发音，只对那些字母的发音而不是字母本身感兴趣，你马上就会明白为什么这样说了。不过同时你也要明白为了教会你学习这个记忆方法，我也只有利用这些我们常见或常用的字母了。

数字 1 将永远由字母 T 和 D 的发音来表示。看到 T 或 D，那就代表着数字 1。怎样来记住这条规则呢？我们发现字母 T 只有 1 竖，或者字母 T 由一个竖着的 1 和一个横着的 1 组成（你只有现在才需要借助

---

[1] 同一个字母在不同的单词或同一个单词的不同位置上，发音都有可能不同。对于辅音字母来说，有时会发浊辅音，有时会发清辅音。

于这个简便方法记忆,以便加强最初记忆力)。你可以在大脑中思考一会儿,加深一下印象。

而字母 N 用来表示数字 2,因为小写字母 n 由两竖组成。现在可以在大脑中加强一下记忆(说到每一个数字的记忆方法时你都可以思考一会儿,这样我也不必总是提醒你了)。

数字 3 由 M 来代表,因为小写的 m 是三竖。或者将 M 向右倾斜九十度,看起来很像 3;反过来将 3 向左倾斜九十度,看起来很像小写 m。甚至还可以这样记,美国有一家很著名的公司叫 3M 公司[1]。

数字 4 由字母 R 来代表。4 的英文单词 four 就是由 r 来结尾的。或者也可以进行一些联想,看看 R 的形状,像不像一个正要准备发球的高尔夫球手呢?当他发球的时候就会喊"向前!"(Fore!)和 4(four)的发音是一样的。

数字 5 由字母 L 来代表。在罗马数字中,50 就是 L。或者你可以用自己的 5 根手指组成 L 的形状,将左手掌翻向外部,伸直胳膊,这个动作好像是在表示"停下"一样,大拇指要直直地指向右边,与其余四根手指垂直,这样左手就形成了一个 L 的形状。

数字 6 由字母 J 或字母组合 SH,发清音的 CH 或发清音的 G(例如在单词"温和友善的 gentle"中)来代表。6 就好像是 J 在镜子中的影像一样,如果将 6 放在镜子前面,其镜中的形象看起来也好像是字母 J 一样。

数字 7 由字母 K 或者重音 C(例如在单词"疯狂的 crazy"中),或重音 G(例如在单词"伟大的 great"中)代表。你可以用两个 7 组成一个大写的 K,一个 7 向上倾斜,一个 7 几乎是倒立过来,它们拼在一起就是字母 K。

---

[1] 3M 公司名列美国财富杂志 500 强企业前列,产品种类超过 60000 种。著名品牌有 Post-it(报事贴)、可再贴便条纸、思高 TM 胶带系列产品、3M 人体工程系列、3M 覆模机及耗材系列等。

数字8由字母F或V或字母组合PH（例如在单词"哲学philosophy"中）代表。8和小写字母f的手写体很相似，都是由两个圈组成，一个圈在另外一个圈之上。

数字9由字母P和B来代表。字母P也很像9在镜子中的影像。

数字0由字母S，Z或清音C（例如在单词"人口普查census"中）来代表。0的英文单词zero的开头字母就是z。而另一个表示0的英文单词cypher的开头就是清音C。

在上面列举的例子中，唯一没有出现的辅音字母组合是TH（例如在英语定冠词the中），这个音节极少出现，一旦出现，将其视为与T相同，同样代表数字1。而元音字母a、e、i、o、u在我们要学习的语音数字与字母表中没有代表数字的意义，它们就充当将各个辅音连接起来，并使其有意义的角色，后面你就会看到。字母W、H和Y（发音和单词"为什么why"一样）同样没有代表数字的意义（H只有跟在其他辅音后面并改变了该辅音的读音时才有这层意义，例如在单词"改变change"中）。

不发音的字母更没有代表数字的意义了，因为它们根本就不发音。所以单词"膝盖"（knee）代表的数字是2而不是72，因为其中的k不发音，没有意义，这个单词中唯一发音的辅音字母是n，而这个字母仅仅代表数字2。

同样的道理，单词"炸弹"（bomb）则代表数字93，而不是939。因为后面的字母b是不发音的，所以也没有代表数字的价值。

我们学习的这条规则同样适用于相同字母相连的单词。例如单词"奶油"（butter）代表的是914，而不是9114，因为这个单词中虽然含有两个字母t，但其实只有一个字母发音。同样的原因，单词"枕头"（pillow）代表数字95，因为两个字母l只有一个发音。不过有些单词中两个相同字母相连，却发两个完全不同的音。例如在单词"事故"（accident）中，两个c发音不同，所以这个单词就代表数字70121。同样，单词"疫苗"

(vaccine)中的两个字母 c 发音也不相同,所以代表数字 8702。

字母 Q 在单词中的发音与字母 K 的发音是相同的,所以同样代表数字 7。字母 X 从来没有用过,但也可以加以利用,我们可以根据它在不同单词中不同的发音来代表不同的数字。例如在单词"修理"(fix)中,其中的 x 按照其发音就可以改写为字母组合 KS,所以代表数字 70。不过在单词"焦虑"(anxious)中,单词 x 的发音就与字母组合 KSH 相同,所以代表数字 76。最后,我们一起再来回顾一遍重点:

数字 1=T,D(一个 T 有一竖)

数字 2=N(一个小写字母 n 有两竖)

数字 3=M(一个小写字母 m 有三竖)

数字 4=R(4 的英文单词 fouR 就以 R 结尾)

数字 5=L(罗马数字中的 50 就是 L)

数字 6=J,SH,CH,清音 G(大写的字母 J 几乎是 6 在镜子中的影像)

数字 7=K,重音 C,重音 G(大写的字母 K 可以由两个 7 组合而成)

数字 8=F,V,PH(小写字母 f 的手写体和 8 同样都是由两个圆圈组成,一个圈在另一个之上)

数字 9=P,B(字母 P 几乎是 9 在镜子中的影像)

数字 0=S,Z,清音 C(0 的英文单词 zero 就是以 z 开头的)

看看这些帮助你记忆数字和字母的简便记忆法,你会发现已经记住了大部分甚至全部的内容,无论是按照顺序还是不按顺序,你完全可以记住它们。而且我希望这个记忆法可以成为你的一种记忆习惯,看到数字就能想到字母,看到字母就能想起它代表的数字。因为你现在还可能意识不到它们对你的帮助到底有多大,下面先来做做这个小练习,做完后你会觉得比自己的字母表用起来都熟练。当你再看到一个数字的时候,无论是个车牌号还是个地址,都会在大脑中自动将这个数字转换为字母或单词。当你看到广告牌上或是其他任何标志牌上的单词时，就会在大脑中将这个单词转换为数字。

开始下面这个练习吧！不过在练习之前请再复习一遍那些数字与字母之间的转换规则，然后在下面的空白处填上正确的答案。做完你会更加熟悉这些规则，也会从这些练习中受益匪浅，甚至日后会为它们带给你的丰厚回报感到欣喜若狂。不相信吗？我保证你肯定会的。练习后面是正确答案，以便于你做完进行检查。完成练习后，如果你认为自己已经掌握了这些基本技巧，才可以继续下面一章的学习。

练习：语音数字与字母表

P=__9__　R=_____　重音C（在单词"猫cat"中）=_____　L=_____
B=_____　重音G（在单词"走go"中）=_____　K=_____　N=_____
D=_____　V=_____　J=_____　清音C（在单词"雪茄烟cigar"中）=_____
M=_____　T=_____　Z=_____　S=_____　CH=_____

4=__R__　　1=_____　　0=_____　　8=_____
9=_____　　5=_____　　2=_____　　6=_____
7=_____　　3=_____

729=__KNP__　　436=_____　　381=_____　　529=_____
123=_____　　890=_____　　567=_____　　345=_____
089=_____　　553=_____　　778=_____　　787=_____
877=_____　　004=_____　　400=_____　　040=_____
912=_____　　823=_____　　333=_____　　667=_____

6215=__JNTL__　　53091=_____　　26=_____
935210=_____　　481623=_____　　24680=_____

97531=_____   08=_____   231560=_____
0011223=_____   911998=_____   128145=_____

patter（快板；行话）= 914   butter（奶油）=_____
biter（欺诈的人）=_____   tub（桶，木盆）=_____
bidder（投标人）=_____   biterye（咬+黑麦）=_____
terror（恐怖，恐惧）=_____   break（打破，折断）=_____
vision（视觉，视力）=_____   chandelier（枝形吊灯）=_____
telephone（电话）=_____   pillow（枕头）=_____
bookkeeper（记账人）=_____   bringing（带走）=_____
porcelain（瓷器）=_____   scissors（剪刀）=_____
bigdeal（重要事件）=_____   tattle（闲话）=_____
tailors（裁缝）=_____   carefully（小心地，仔细地）=_____
packaging（包装）=_____   Philadelphia（费城）=_____
mellow（成熟的；甘美多汁的）=_____
Mississippi（密西西比河／州）=_____

参考答案：将下面的答案与你的回答进行对比，如有不一致的地方，请立即找出原因。

P=9   R=4   重音 C（在单词"猫 cat"中）=7   L=5
B=9   重音 G（在单词"走 go"中）=7   K=7   N=2
D=1   V=8   J=6   清音 C（在单词"雪茄烟 cigar"中）=0
M=3   T=1   Z=0   S=0   CH=6

4=R   1=T, D   0=S, Z, 清音 C   8=F, V, PH

9=P，B 5=L 2=N 6=J，SH，CH；清音G

7=K，重音C，重音G 3=M

729=KNP	436=RMJ	381=MFT	529=LNP
123=TNM	890=FPS	567=LJK	345=MRL
089=SFP	553=LLM	778=KKF	787=KFK
877=FKK	004=SSR	400=RSS	040=SRS
912=PTN	823=FNM	333=MMM	667=JJK

6215=JNTL	53091=LMSPT	26=NJ
935210=PMLNTS	481623=RFTJNM	24680=NRJFS
97531=PKLMT	08=SF	231560=NMTLJS
0011223=SSTTNNM	911998=PTTPPF	128145=TNFTRL

patter（快板；行话）=914

biter（欺诈的人）=914

bidder（投标人）=914

terror（恐怖，恐惧）=144

vision（视觉，视力）=862

telephone（电话）=1582

bookkeeper（记账人）=9794

porcelain（瓷器）=94052

bigdeal（重要事件）=9715

tailors（裁缝）=1540

packaging（包装）=97627

mellow（成熟的；甘美多汁的）=35

Mississippi（密西西比河/州）=3009

butter（奶油）=914

tub（桶，木盆）=19

biterye（咬+黑麦）=914

break（打破，折断）=947

chandelier（枝形吊灯）=62154

pillow（枕头）=95

bringing（带走）=942727

scissors（剪刀）=0040

tattle（闲话）=115

carefully（小心地，仔细地）=7485

Philadelphia（费城）=85158

7 通过词语记忆数字
——你会让自己大吃一惊

如果你把外套挂在黑板上,外套会很容易就掉在地上,但如果往黑板上钉上个钉子,你就可以把外套挂上去,再也不会滑落下来了。我也想送给你几个钉子,不过不是让你钉在黑板上的,而是让你把信息和知识固定在大脑中的。一旦你学会应用了,就可以将任何的信息"悬挂"在这些钉子上,储存在大脑中。这就是为什么我将这种记忆法称为"固定记忆法",而且这些钉子还可以循环利用,直到永远。

如果你已经可以熟练应用我教给你的语音数字与字母表,你就可以说出任意一个数字的代替词语。通常数字都是最难记忆的东西,因为它们只是一些标志,一些符号,没有具体的含义,形象也不具体(对于你我来说,7这个数字除了比6大1,比8小1以外,还能有什么意思呢?)。

不过现在好了,学习过语音数字与字母表之后,你就可以将数字转换为词语,然后想象出图像来了。例如,你想记住数字17,你需要做的只是记住一个代表17的词语而已,例如"图钉"(tack)。这个单词中辅音t代表数字1,辅音k(ck发此音)代表数字7。如果只是单纯记忆用字母t和k代表17的话是很难记住的,所以这里就要动用元音字母了。元音字母a很容易就能将这两个辅音连成一个单词,这样你就可以在脑海中生动地浮现出这个词语。因为图钉这个词的形象很具体,而且在语音数字与字母表中只代表数字17,因此在脑海中想象出图钉的形象后,就等于将17的形象具体化了。

利用你已经学过的语音知识和单词，你可以赋予任何数字新的意义。例如，如果你想象出一辆很大的卡车（big truck），那么就可以将其转换为数字97147，摔坏了的台灯（broken lamp）会让你想到哪个数字呢？答案是9472539。无论何时何地，只要你需要，你都可以马上想出合适的词语来记忆数字。不过还有更加省时省事的办法，那就是准备好一些固定词语可以随时拿来应用，这样的词语就叫作"固定词"，例如"图钉"就是17的固定词。下面我会先教给你十个固定词，很简单，你读一遍就能记住了。然后你就会发现使用这些固定词去记忆数字是个神奇有效的记忆办法。

数字1的固定词必须只有一个辅音，因为1是个一位数，而且这个辅音必须是T或者D，因为只有这两个字母可以代表数字1。这样可以想出很多合适的单词，例如"领带"（tie）这个词就不错。因为它只能用来代表数字1，而且形象很具体，大脑很容易就能想象出来。所以，1的固定词语就是"领带"了。

数字2的固定词也只能包括一个辅音，而且这个辅音必须是N。我选好了一个词，是"诺亚"（Noah，人名）。这样你就可以联想到挪亚方舟[1]、方舟上各种各样的动物。或者像我一样，想到蓄有长长的灰白胡子的老头（指的就是诺亚；甚至只想象出来"胡子"的形象都可以）。好的，2的固定词语就是"诺亚"了。

数字3的固定词语是"妈妈"（ma），因为这个词只有一个辅音M，这样你就可以联想到自己的妈妈或者其他任何人的妈妈。

数字4的固定词语是"黑麦"（rye），记忆时可以想象一块黑麦面包或者一瓶黑麦威士忌酒。

---

[1] 挪亚方舟源自圣经《创世纪》里一个引人入胜的传说：上帝看到人类互相残杀，充满强暴和仇恨，决定惩罚人类，只给诺亚留下有限的生灵。当诺亚带着他们搬进自己建造的方舟时，洪水自天而降，整个世界都陷入没顶之灾中。洪水退后，只有挪亚方舟中的人和动物，作为最后的生命存活了下来。

至于数字 5 的固定词语呢,我选择了"法律"(law)。这样你就可以想象出一位警察或律师,因为他们是法律的代表。

数字 6 的固定词语是"鞋子"(shoe)。没有什么其他选择,"鞋子"这个词也只能代表 6。当然了,想象的画面肯定是一只鞋。

数字 7 的固定词语是"奶牛"(cow),想象出一头奶牛就可以了。

数字 8 的固定词语是"常春藤"(ivy),因为辅音 V 代表数字 8,记忆时想象一下大学校园里围墙上长满的常春藤吧。

数字 9 的固定词语是"蜜蜂"(bee),你可以想象一下这只会叮人的昆虫。

数字 10 是个两位数,因此 10 的固定词语必须包括两个辅音。按照顺序应该是 T 和 S,我选择了"脚趾"(toes)这个词。其中的音节就能告诉你该词代表的数字,而且"脚趾"这个词只能代表数字 10。

如果我随便给你十个词作为 1 到 10 的固定词,下一步也可以接着应用我们的记忆法。但你就必须死记硬背,将这些词语记住,那就不是我们的目的所在了。现在你已经熟悉了所有代表数字的语音字母,再记住这些固定词就是小菜一碟了。下面我会教你一些简便方法记忆语音数字与字母表,这样你在记忆固定词时会更容易(记住固定词后就可以进一步学习记忆其他信息了)。我们先来回顾一下 1 到 10 这十个数字的固定词都是什么。

1. Tie
2. Noah
3. Ma
4. Rye
5. Law
6. SHoe
7. Cow
8. iVy
9. Bee
10. ToeS

如果你能回忆起所有的固定词,就不必再做下面这个练习了。因为倘若你可以很顺利记住数字所对应的发音字母,那么你也可以不按排序

就记住这些固定词。在继续学习下面的内容之前,你一定要保证已经很熟悉这十个固定词了。下面请在空白处填上正确答案:

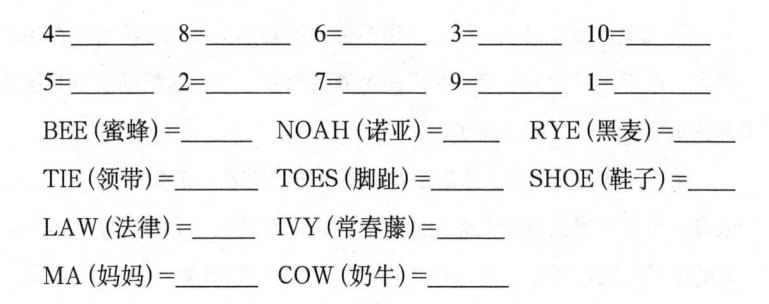

4=_____　8=_____　6=_____　3=_____　10=_____
5=_____　2=_____　7=_____　9=_____　1=_____
BEE(蜜蜂)=_____　　NOAH(诺亚)=_____　　RYE(黑麦)=_____
TIE(领带)=_____　　TOES(脚趾)=_____　　SHOE(鞋子)=_____
LAW(法律)=_____　　IVY(常春藤)=_____
MA(妈妈)=_____　　COW(奶牛)=_____

现在你已经把这些固定词都记住了吧?那么这些词对你会有什么帮助呢?还记得我曾经问你是不是记得硬度标度列表中的第七种矿石吗?你必须要一个挨一个地回想才能说出来。不过如果你能从"石英"联想到"奶牛",你就可以马上说出来石英就是第七种矿石。那么怎样进行联想呢?你可以想象出一幅包括"二角五分钱硬币"(或者"大量的",任何可以让你联想到石英的词语都可以)和"奶牛"的画面,越是荒谬夸张,越是不可思议就越好,这就够了。例如,你可以想象自己正在给奶牛挤奶,结果挤出的不是牛奶,而是一枚枚的硬币(你可以想象它们喷射而出,这样这幅画面就会变得夸张起来)。好好想象一下,因为我们接下来还要将硬度指标列表中其他几种矿石的记忆作为教学案例(而且为了证明记忆法的效果,我们不会按照次序来讲)。

第四种矿石是萤石。那么就应该将"地板+正确的"这个词组与"黑麦"联系起来。也许你可以想象地板正在喝一大瓶黑麦啤酒,一边喝一边说"好!太正确了!"或者说你的地板(这一个词也足够让你想起萤石)就是一大块黑麦面包。一定要保证你可以在脑海中清晰地看到这幅你选择好的或想象出来的画面。

第一种矿石是滑石。我是这样来记的,想象自己将滑石粉洒到了我昂贵的领带上，或者也可以想象一条巨大无比的领带正在讲话。最重要的是，一定要看到这幅画面。

第九种矿石是刚玉。想象一只蜜蜂正在叮咬一个巨大的苹果核，而这个核就像已经哑巴了一样，一声不吭。或者你也可以想象它正在喝朗姆酒，或者一只哑巴蜜蜂正在喝朗姆酒。想象一下，这幅画面中要包括两条重要信息——数字和矿石名称。

第二种矿石是石膏。想象留着白胡子的诺亚老人穿着酷似吉卜赛人，或者一个吉卜赛人悬挂在老人的下巴上，也就是说吉卜赛人就是诺亚老人的胡子！或者诺亚正在将方舟上的木头切成片。想象一下这幅画面。

第十种矿石是钻石。只要想象自己的脚上满满地覆盖着钻石，甚至你的脚趾全都变成了钻石都可以。想象一下这幅画面。

第三种矿石是方解石。你可以想象自己的妈妈坐在一处"冰冷的场所"，或者她正在像吉卜赛人一样大声公布身高测量数据。想象一下这幅画面。

第八种矿石是黄晶。可以想象一头驴子身上长满了常春藤，或者常春藤正试图从你身体中间穿过。想象一下这幅画面。

第六种矿石是长石。记忆时想象一只巨大无比的鞋在参加拳击比赛时从拳击场上摔落了下来。想象一下这幅画面。

最后一种也就是第五种矿石是蛋白石。想象一位警察的行为举止都很礼貌，或者正在制作一只蛋白色的灯。一定要在脑海中清晰地勾勒出你想象的画面。

记忆每一种矿石时，你是不是都在脑海中清晰浮现出了所有画面？如果还没有，现在回过头再复习一遍。如果你按照我说的去做了，你就准备好让自己大吃一惊、欣喜若狂吧！虽然我在讲解如何记忆这些矿石名称时都打乱了顺序，不过你的大脑才是最好的存储工具，它已经像电脑一样将这些信息进行了自动处理，并排列好次序了。现在我们就来证明一下。首先回想一遍从数字1到10的固定词，想到每一个固定词时，你就会马上回想起和它对应的矿石名称。我们还是采取下面这种方式吧！由于你是第一次练习这种记忆法，在左边一列中我会给你列出所有固定词，然后你在后面的空白处填上所对应的矿石名称。然后将这一列用纸遮住，再把第二列中的空白处填上对应的矿石名称。现在就可以开始做了（请你以最快的速度填上所有空格）。

1（领带）=_____   1=_____
2（诺亚）=_____   2=_____
3（妈妈）=_____   3=_____
4（黑麦）=_____   4=_____
5（法律）=_____   5=_____
6（鞋子）=_____   6=_____
7（奶牛）=_____   7=_____
8（常春藤）=_____   8=_____
9（蜜蜂）=_____   9=_____
10（脚趾）=_____   10=_____

你现在一定觉得自己很棒吧！目前为止，与你学习链接记忆法时相比，你又取得了很大的进步！以前你可以按照顺序记住十件物品，现在把这些物品的顺序打乱的话你也可以记住了。因为只要你能记住那些固定词，你就可以记住排在任意位置的矿石名称，这就意味着你记住了每一种矿石的位置。而且固定词你记得越牢固的话（现在你也只是刚刚学会），你就能越快地记住它们的位置。在硬度标度列表中的第六种矿石是什么？只要想想鞋子就可以了。鞋子正在干什么？正从拳击场上摔落下来，等等……这就提醒你想到什么矿石呢？对了，就是长石。就这么简单。看看你能在多短的时间内写出正确答案。

第 2 号是 _____　　　第 10 号是 _____

第 5 号是 _____　　　第 7 号是 _____

第 9 号是 _____　　　第 4 号是 _____

第 1 号是 _____　　　第 6 号是 _____

第 8 号是 _____　　　第 3 号是 _____

如果你听到或看到任一种矿石名称，你就可以知道它的位置了！那么在这个标度列表中，黄晶是第几号呢？"驴子"或者"穿过"又能提醒你想起什么呢？当然是常春藤了，常春藤是数字 8 的固定词。所以黄晶是列表中的第八号矿石。下面在空白处填上其他矿石的序列号吧！

长石是第 _____ 号　　　方解石是第 _____ 号

刚玉是第 _____ 号　　　滑石是第 _____ 号

钻石是第 _____ 号　　　黄晶是第 _____ 号

石膏是第 _____ 号　　　蛋白石是第 _____ 号

石英是第 _____ 号　　　萤石是第 _____ 号

你现在通过数字记住了矿石名称——不论顺序、倒序还是从中间开始都不成问题！你知道他们，并且能够记住他们。你可以采取任何方式测试自己，然后你会发现确实如此。

当然你可以将这个记忆法应用到任何列表的记忆中去。首先深吸一口气，然后应用固定记忆法记住下面这个列表（这有可能是在你展示时，你的朋友给你列出的列表哦！）。

第八号是腕表　　　　　第四号是公文包

第一号是钢笔　　　　　第十号是刀子

第六号是杯子　　　　　第二号是电视机

第九号是订书机　　　　　第七号是绳子

第五号是花朵　　　　　　第三号是地毯

　　如果你已经记住了上面这个列表，顺序、倒序都能记住，还能记住每一种物品的编号，而且你已经对自己进行了测试，确认自己已经牢牢记住了。那么恭喜你，你已经完全掌握固定记忆法了。那么如果你需要记忆11件物品的名称，甚至24件或者58件呢？你还需要什么呢？当然是记住这些数字的固定词了。虽然你需要的时候可以随时找出对应这些数字的词语，但如果把这些数字的固定词牢记，随时都能加以应用的话才是最好的办法。我会把从1一直到100的固定词都提供给你，其实很简单，因为你已经知道代表各个数字的语音字母了。例如，你想为72找一个固定词，你只要想出对应的语音字母就可以了，那就是K和N。先来读一下这两个字母：K…N…你可能就会想出单词"硬币"(coin)，这就是72的固定词。那么11的固定词呢？就必须包括一个T或D音，再加上另外一个T或D音，这个词可以是"小孩"(tot)。那么12呢？词语中要包括一个T，一个N，组合在一起就是"锡"(tin)。所以当你需要记忆序号是12的物品时，就可以将其想象为是锡做的东西。我为13选择的固定词是"墓地"(tomb)，不要让单词中的字母b把你迷惑了，它是不发音的，记忆13时就想象出一块墓碑吧！

　　在前面的学习中，你一次就能记住十个数字的固定词，而且在你自己还没意识到的时候就已经把它们记过去了，那么学习下面这些固定词语对于你来说应该也不难。前二十个词是一定要记住的，这样你就可以记忆包括二十项信息的列表了，所有词语都很容易想象出来。不久后，你甚至不必去想那些语音字母，脑海中就能浮现出你想象的那些画面了。

1.Tie 领带　　　　　2.Noah 诺亚　　　　　3.Ma 妈妈

4. Rye 黑麦
5. Law 法律
6. Shoe 鞋子
7. Cow 奶牛
8. Ivy 常春藤
9. Bee 蜜蜂
10. Toes 脚趾
11. Tot 小孩
12. Tin 锡
13. Tomb 墓地
14. Tire 轮胎
15. Towel 毛巾
16. Dish 盘子
17. Tack 大头钉
18. Dove 鸽子
19. Tub 木桶
20. Nose 鼻子
21. Net 网
22. Nun 尼姑
23. Name 姓名
24. Nero 尼禄 (古罗马暴君)[1]
25. Nail 指甲
26. Notch 槽口
27. Neck 脖子
28. Knife 刀子
29. Knob 门把手
30. Mouse 老鼠
31. Mat 小垫子
32. Moon 月亮
33. Mummy 木乃伊
34. Mower 割草机
35. Mule 骡子
36. Match 火柴
37. Mug（带柄的）大杯子
38. Movie 电影
39. Mop 拖把
40. Rose 玫瑰
41. Rod 棍棒；鞭子
42. Rain 雨
43. Ram 公羊
44. Rower 桨手
45. Roll 滚动
46. Roach 蟑螂
47. Rock 岩石
48. Roof 屋顶
49. Rope 绳子
50. Lace 花边儿
51. Lot 签；阄；命运
52. Lion 狮子
53. Limb 肢；臂
54. Lure 诱饵
55. Lily 百合花
56. Leech 水蛭
57. Log 圆木,木料
58. Lava 火山岩
59. Lip 嘴唇
60. Cheese 奶酪
61. Sheet 床单
62. Chain 链条
63. Jam 交通拥挤；阻塞

---

[1] 尼禄，古罗马帝国皇帝，54年登基，是罗马最神秘的皇帝之一，关于他的传闻很多，他早期的统治是很仁慈的，罗马甚至相当于鼎盛时期。但59年起他变得残暴，乱杀平民，有传言说64年的罗马大火是他操纵的。

64. Cherry 樱桃
65. Jail 监狱
66. Choo-choo 火车
67. Chalk 粉笔
68. Chef 厨师
69. Ship 轮船
70. Case 箱子，盒子
71. Cot 儿童摇床
72. Coin 硬币
73. Comb 梳子
74. Car 汽车
75. Coal 煤
76. Cage 笼子
77. Coke 可乐
78. Cave 洞穴
79. Cob 玉米穗轴；雄天鹅
80. Fez 无边帽；土耳其帽
81. Fat 脂肪
82. Phone 电话
83. Foam 泡沫
84. Fur 毛皮
85. File 文件
86. Fish 鱼
87. Fog 雾
88. Fife 笛子
89. Fob 表链；(或者是 fib，指无关紧要的谎话)
90. Bus 公交车
91. Bat 蝙蝠
92. Bone 骨头
93. Bum 乞丐
94. Bear 熊
95. Bell 钟；铃
96. Beach 海滩
97. Book 书本
98. Puff 吸，吹，喷
99. Pipe 管道
100. Disease（或者 dozes, teases, thesis）疾病（或者是瞌睡，戏弄，论文）

在后面的"问与答"环节，我会回答你的提问。现在先来看一些关于这 100 个固定词的练习。请你在下面的空白处填写出正确答案，最好不要到前面去查阅，这样你才会很快记住这些词语。

65 = __jail__　　　　熊（bear）= _____
35 = _____　　　　脖子（neck）= _____
96 = _____　　　　大头钉（tack）= _____
66 = _____　　　　签；阄；命运（lot）= _____
8 = _____　　　　诱惑（lure）= _____
泡沫（foam）= _____　　　　36 = _____
49 = _____　　　　木乃伊（mummy）= _____
轮胎（tire）= _____　　　　91 = _____

42 = _____
管道（pipe）= _____
黑麦（nose）= _____
46 = _____
100 = _____
月亮（moon）= _____
鼻子（nose）= _____
水蛭（leech）= _____
2 = _____
玉米穗轴，雄天鹅（cob）= _____
肢，臂（limb）= _____
92 = _____
16 = _____

86 = _____
锡（tin）= _____
1 = _____
23 = _____
公交车（bus）= _____
钟，铃（bell）= _____
85 = _____
67 = _____
89 = _____
槽口（notch）= _____
老鼠（mouse）= _____
31 = _____
21 = _____

笛子（fife）= _____
床单（sheet）= _____
55 = _____
93 = _____
火山岩（lave）= _____
5 = _____
75 = _____
73 = _____
6 = _____
交通阻塞（jam）= _____
妈妈（ma）= _____
65 = _____
97 = _____

桨手（rower）= _____
洞穴（cave）= _____
可乐（coke）= _____
15 = _____
37 = _____
10 = _____
吸，吹，喷（puff）= _____
52 = _____
拖把（mop）= _____
94 = _____
刀子（knife）= _____
59 = _____
7 = _____

40 = _____ 无边帽，土耳其毡帽（fez）=___

69 = _____ 72 = _____

公羊（ram）= _____ 19 = _____

指甲（nail）= _____ 樱桃（cherry）= _____

76 = _____ 38 =_____

9 = _____ 脂肪（fat）=_____

68 = _____ 74 = _____

34 = _____ 屋顶（roof）= _____

雾（fog）= _____ 84 =_____

57 = _____ 11 = _____

22 = _____ 电话（phone）= _____

60 = _____ 24 =_____

滚动（roll）= _____ 62 =_____

鸽子（dove）= _____ 鞭子（rod）=_____

29 = _____ 71 = _____

13 = _____ 70 = _____

47 = _____ 50 =_____

当你想要记住两位以上的数字如三位数或者四位数的时候，只要将两个固定词语连接起来提醒你就可以了。例如，如果想要记住1820年，就可以想象一只鸽子（18的固定词）站在你的鼻子（20的固定词）上。不过没有必要一定要用一个以上的连接词去记忆两位以上的数字，只要发挥你的想象力，利用数字对应的语音字母组合成合适的词语（例如"长沙发椅 divans"或短语"坚韧的膝盖 tough knees"）就可以了。不过要记住，无论是利用固定词记忆，还是靠其他代替词语或词组记忆，在脑海中都只能想象一幅画面，并不是说有几个词就要想象几幅画面。为什么不现在就试试呢？请为下面每一个数字都找出三个或四个合适的代替词语或短语。然后将你写出的答案与我的进行对比。

8270_____
3624_____
2120_____
4215_____
7214_____

8270：犬齿（fangs），菌类植物（fungus），好的亲吻（finekiss），常春藤＋刻痕（ivy nicks），好的钥匙（fine keys），景色＋脖子（view necks），葡萄藤＋气体（vine gas）

3624：器械（machinery），相配＋矿物（matchin' ore），任务＋黑麦（mission rye），我的闪亮物体（my shiner），糊状物在头发中（mush in hair），妈妈加入了她（ma join her），想象中的，虚构的（imaginary）

2120：印第安人（Indians），绳结＋鼻子（knot nose），末端＋绞绳索（end noose），没有愚蠢的人（no dunce），新型舞蹈（new dance），母鸡＋沙丘（hen dunes），强烈的，剧烈的（intense）

4215：被荒废了的所有东西（ruined all），租赁，出租（rental），铁尾巴（iron tail），耳朵＋荨麻（ear nettle），跑＋洋娃娃（ran doll），下雨＋鳗鱼（rained eel），矮子＋山（runt hill），差事＋猫头鹰（errand owl）

7214：合唱指挥家（cantor），计算器（counter），政党方针的演说人（keynoter），得到的头发（gained hair），更加善良（kinder），坦白，直率（candor），再次撕破（again tore），长袍＋她（gowned her）

只要充分发挥你的想象力,任何事物都可以想象成一幅画面。这幅画面可以是一种带有动作的情景,也可以是静态的场景。例如,如果你将数字 7321 转换成"命令,指挥"(command)这个词(也可以是"评论 comment")的话,你能想象出一幅有关"命令,指挥"的画面吗?你就可以想象一位高级军官指挥军队的情景。只要想出一幅可以让你联想到这个词语的画面就可以了(对了,"突击队 commando"也是个很好的词)。

为了给你鼓鼓劲儿,我们再看一个高难度的例子。你在学校学习时也许并不需要记忆特别长的数字,不过谁说得准呢?说不定什么时候就能用得着呢!而且其实你现在已经有能力记住这种数字了。对于你来说,你不用再学习其他任何的新技巧,只需要熟悉链接记忆法和语音数字与字母表就可以了。而这些都是你学过的知识,所以我们来一起看看怎样记住下面这一长串的数字……

94836395390942727

首先我们应该构建一个链接,例如:"香水"(perfume,表示 9483)+"跳"(jump,表示 639)+"台灯"(lamps,表示 5390)+"大脑"(brain,表示 942)+"国王"(king,表示 727)或者是"带走"(bringing,942727)。然后针对这条链接进行充分的想象就可以按照顺序或者倒序记过去了。另外,"勇敢"(brave)+"我的"(my)+"好朋友"(chum)+"丰满"(plump)+"扭伤"(sprain)+"怪异"(kinky)这条链接也是可以的。

我们再来看其他一些例子。如果你将"大卡车"(big truck,其中的辅音字母分别代表 97147)与"摔坏的台灯"(broken lamp,其中的辅音字母分别代表 9472539)链接起来(想象一辆大卡车上面载着一个摔坏了的台灯，这个台灯巨大无比，卡车都很难装得下），就可以记住数字971479472539。再接着想象这个摔坏了的台灯照亮了整座摩天大楼（skyscraper，该词中辅音字母代表0707494），这样就又记住了数字9714794725390707494。如果这座摩天大楼穿上白大褂后就成了你的牙医（dentist，表示数字12101），你就记住了数字971479472539070749412101。要知道，这可是一个24位的数字，但我们只用一个由四幅画面组成的链接就可以记住了。

问与答

问：为什么语音数字与字母表是建立在字母发音而不是字母本身基础之上的呢？

答：因为如果基于字母发音的话，一个不认识多少字也不怎么会说话的人都可以学会这种记忆法。而且许多字母在不同单词中的发音也是不同的（例如"鱼 fish"的发音与另外一些音节的组合如"ghoti"的发音就是相同的，因为 gh 在单词"咳嗽 cough"中发 f 的音，o 在单词"女人 women"中发 i 的音，而 ti 在单词"民族 nation"中发 sh 的音）。使用字母的话会变得更加复杂，而现在使用语音字母就比较简单明了。

问：我可以使用固定词语记住多个列表吗？

答：当然可以。一旦你使用固定词记住了一个列表中的所有信息，这些固定词就好像一个神奇的写字板一样，变得又可以再次利用了。不过一定要记住，一旦你将任何信息锁定、固定到你的记忆之中，最初想象的一些联系和画面都会渐渐褪出你的记忆，留下的只是有用的知识和信息。

问：我是不是可以采用链接记忆法去记忆那些固定词语呢？

答：不能。不要给自己制造一些不必要的麻烦。记忆固定词语时需要的只是对应的语音字母，不需要其他什么辅助手段。如果你刚开始记忆固定词时遇到了一些麻烦，只要在辅音后或者辅音之间加入元音字母就可以了，合适的词语会出现在你的脑海中。比方说你不太确定51的固定词语是哪一个，但是你知道它的对应语音字母是L和T，就可以这样尝试着对自己说"lat, late, let, leet, lit, light, loot, lot"等等这些单词，多试几个词，当你想到"lot"（签；阄；命运）这个词的那一刻，就会马上反应出来它是51的固定词语。

问：如果我想记住一长串数字，把每个数字的固定词链接起来记忆可以吗？

答：可以，但是何必这么麻烦呢？假设你想记住数字621540，当你用一个词语"枝形吊灯"（chandeliers）就能记住的时候，何必非得转换成三个固定词的链接呢？如果实在想不起来的时候可以多加一个固定词，但通常固定词是用来帮助你记住事物的次序的。

问：应用固定记忆法时，我想象的画面也一定要夸张离谱吗？

答：无论何时何地，你想象的画面都应该是夸张离谱的。这是迫使你加强最初记忆力的办法，也是这些记忆法见效的关键所在。在你记住关键信息之前，这些夸张离谱的画面总会很快在脑海中浮现，但符合常理的一般画面就不会有这样的效果。

问：如果我进行联想或链接记忆时，脑海中浮现出了多幅夸张的画面，我该怎么办呢？

答：不必担心，只要将注意力集中在其中一幅画面上，让它在脑海中清晰地浮现就可以了。

问：我可以为大于100的数字确定固定词语吗？

答：当然可以了。比如说，101的固定词可以是"测验"(test)、"祝酒"(toast)或者"灰尘"(dust)。102的固定词可以是"一打"(dozen)、"正在打瞌睡"(dozin')或者"爱迪生"(Edison)。103的固定词可以是"摇动我"(toss me)，或者"摇动他们"(toss'em)。104的固定词可以是"嘲弄别人的人"(teaser)或是"投骰子的人"(dicer)。105的固定词可以是"穗带"(tassel)、"扭打"(tussle)或是"驯服的；易驾驭的"(docile)。106的固定词可以是"药的剂量或用法"(dosage)。107的固定词可以是"任务"(task)、"大象的长牙"(tusk)或者"黄昏"(dusk)。这样找下去，永远没有止境。还有314的固定词可以是"摩托车"(motor)，而926的固定词可以是"长凳"(bench)。但你完全没有必要事先准备出那么多数字的固定词，搞不好还可能会起反作用。当你需要的时候再去寻找固定词可能会更容易，也更节省时间，这样你也可以不必将自己的想象力和联想局限在一个特定的词语上了。不过记住的固定词到底是不是越多越好，最终的决定权还是在你自己手上！

8 词汇的记忆
——轻松记住海量词汇和定义

目前为止,本书所教授的三种基本记忆方法(链接记忆法,固定记忆法和词语代替法)都是极其重要的方法,并且应用十分广泛。不过如果没有其中的词语代替法,另外两个方法也就毫无用武之地了。很多时候你会需要记忆一些无形、抽象的信息,这时大脑通常情况下很难将这些信息具体化,所以这种信息的记忆难度是最大的。但是词语代替法却可以帮助你在大脑中将这些信息的形象变得具体生动起来。

应用词语代替法,记忆人名、地名和其他一些东西的名称会变成一件很容易、很有趣也很具挑战性的事情。同样的记忆技巧也可以让你轻而易举并兴趣盎然地记住任何领域的专业技术术语、英语词汇甚至其他语种的词汇。

听起来的确很诱人,对吧?事实就是如此。由于你已经在前面学着应用过词语代替法,所以你对其基本应用方法和技巧应该是很熟悉了。我在教给你通过链接记忆法和固定记忆法去记忆硬度标度列表时就已经让你接触了这种方法。一般情况下矿产名称很难具体化,所以就很难记住,因此我会告诉你记忆每一种矿产名称时都要想出一些听起来近似的词语或短语,这些词语或短语要能使你联想到矿产的名称,而且要很容易就可以具体化或联想。例如"石膏"就可以联系到"吉卜赛人"。而对于"滑石"这个词来说,就可以想到"脚趾+通过"或者"昏迷的驴子"等等。

　　如此而已,这就是使用词语代替记忆法的基本方法和步骤。你选择的这些发音上近似的词语或短语要能使你将这些音节组合在一起的词进行具体化。而通常情况下这是很难做到的,前面我们谈怎样记忆数字的时候,我也告诉你使用了同样的方法,而使用语音数字与字母表就能使你将数字的形象具体化。

　　现在让我们来巩固一下词语代替记忆法的学习。假设你从未听说过"烧烤"(barbecue)这个词,现在你想记住这个词的发音和意思,那么"烧烤"这个听起来像什么呢?当然比较像"理发师＋字母Q／台球杆"(barber Q/cue)了。

　　上面这幅图可以让你联想到词的发音,那么现在我们要让这幅图和词的意思也联系起来。

　　你可以想象出这样一幅有趣的画面:一个理发师正在一个巨大的字母Q上或者一个台球杆上给别人理发,同时这个巨大的字母Q或台球杆被放在了户外的烧烤架上烘烤。想想烧烤架,脑海中就会闪现出理发师和台球杆。想想理发师和台球杆,你就又会联想到烧烤架。一样都不会少!

　　下面再看看"plagiarize"这个单词,是"抄袭,剽窃"之意,表示未经允许私自引用别人的观点或作品。可以通过想象这样一个有趣的场景来记住这个词：你想出了一个很有趣的主意，是关于怎样"和自己的眼睛做游戏"的（"play with your eyes"，这个短语读音上类似于 plagiarize）。一定要在大脑中想象出这幅画面：你在和自己的眼睛做游戏，然后想象其他所有人都在跟着你做同样的事情，那么这样的话，他们就私自盗用了你的主意，那就等于是"抄袭，剽窃"了。

你还是会觉得有点傻是吗？是挺好笑的，不过你觉得有用吗？当然有用了！"可笑"就是这些记忆方法和技巧的关键所在。下面再看看这个单词："溜须拍马的人"（Sycophant），意思是此人奴颜婢膝，为了获得个人好处或利益故意讨好他人。你可以想象一只蚂蚁（ant）或者你的婶婶（aunt）为了赢得你的好感，故意奉承你，对你说好话，溜须拍马，让你非常受不了。这样你就变得"受不了蚂蚁／婶婶"（sick of ant/aunt，这个短语与 sycophant 读音近似）。

如果你真的想要记住并理解一些词汇及其含义的话，应用这些记忆技巧就可以让你将注意力集中在这些单词的发音上至少一秒钟以上，这就迫使你锻炼了自己的最初记忆力，不由自主地就完成了锻炼。而进行链接的过程本身,这幅有点可笑的画面就会将信息牢牢地锁定在你的记忆当中。每当你读到、听到或想到这个词的时候，大脑马上就可以反应出它的意思。当你想到词的意思的时候，词的形象也会出现在脑海中。其实最终的记忆效果是你现在都难以想象的，只有经过亲身实践才会深有体会。

为了能帮助你真正掌握住这个记忆法，我会先教你怎样用它去学习其他的外语词汇，然后再学习怎样记忆英语词汇，英语词汇的记忆也很重要，尤其是对于那些将要参加 SAT 考试的学生们来说。而本书中我举出的例子都是那些会在 SAT 考试试卷中出现频率最多的词汇，"溜须拍马的人"（Sycophant）就是其中的一个。不过首先呢，让我们先稍微练习一下怎样用词语代替记忆法来学习外语词汇吧！

9 外语词汇的记忆

——其实很简单

将词语代替法应用到学习外语词汇和短语中去是件很实用的事，对于学习英语来说也是一种很好的练习。如果将来你需要记忆一些专业技术术语或者学习其他课程的话，词语代替记忆法也是你不可或缺的记忆工具。而且这些方法和技巧都会越用越熟练，你用的次数越多，练得越频繁，就越会觉得这些方法和技巧越有用。

并且很重要的一点是，我教给你的所有记忆法只不过是"达到目标的一种手段"而已。一旦你达到了目标，也就是说记住了一条新信息，那么这种手段（指的是那些夸张离谱的画面，那些链接和联想）就没有任何用处了。我们可以将这些方法视为有链接作用的桥梁，桥的一头是"你与要记忆的信息初次见面"，另一头是"你已经完全掌握并记住了这条信息"，这就是为什么你完全不必担心那些画面会永远停留在你的大脑中。应用记忆法的过程本身是在迫使你锻炼最初记忆力，而这种能力是记忆的关键所在，也是学习的关键所在。所有记忆法都只是在帮助你达到这个目标，而达到目标后你就可以抛却这种辅助手段了！让我们通过实践来证明吧！

多年来，许多学生都曾告诉过我，词语代替记忆法一种收效很明显的应用就是记忆外语词汇和短语。一旦你掌握了这种方法（而现在你已经掌握了），你可以每天记忆二十个、三十个甚至更多的外语单词，记住它们的拼写，发音和意思。这种方法可以帮你记得又快又牢，并能让单词在大脑中储存相当长一段时间，甚至永远不忘，只要你愿意的话。

先来做个练习吧！在瑞典语中，"男裤"对应的单词是"bygsor"，发音类似于"beeg-sore"。你要做的就是将英语中类似的发音如"大面积的伤口"（big sore）、"鸟喙＋疮"（beak sore）或者"大＋看到"（big saw）等等联系到"男裤"上去（这个过程你已经将没有含义的音节组合变得有意义了）。你可以想象自己"看到"了一条巨大无比的裤子（裤子是空的，里面什么都没有），上面却有"大面积的伤口"。或者，一只小鸟正在啄一条裤子，它啄呀啄，最后啄到自己的喙都受伤了。一定要记清楚这些画面，因为我待会儿会对你进行测试，看看你是不是记住了我举的这些例子。我想让你看看这种记忆法的效果到底有多神奇。

再来看一些葡萄牙语词吧！在葡萄牙语中，"钱包"对应的词语是"bolsa"。你可以先想象出一只巨大的钱包，这只钱包是由轻质木材（balsa wood，发音类似于 bolsa）做成的。或者这只钱包里面装满了大大小小的木筏（balsa），想象一下。"晚饭"的葡萄牙语单词是"jantar"。你能想象出约翰（John，人名，也可以指你一个叫约翰的朋友，还可以是一个"门卫 janitor"）把沥青（tar）当作晚饭吗？这样你就想到了"约翰＋沥青"（John tar）这个词组，由于它的发音与 jantar 是相似的，就可以帮助你马上联想到这个单词。现在可以想象一下这幅画面。再看另外一个例子，葡萄牙语中的"saia"（发音类似与 sy-er）一词是"裙子"的意思。你就可以想象一条裙子正在叹气，所以就成了"叹息者"(sigher，发音类似于 saia)。"袜子"这个词的葡萄牙语单词是"peugas"（发音是这样的："pee-oo-gesh"，其中 sh 是清音，就像在单词"亚洲 Asia"中的发音一样）。我的建议是：想象一只长长的袜子奇臭无比，你闻到后忍不住对它说："哎哟喂（Peeyoo），你闻起来像煤气（gas）一样臭！"这样你就得到了"哎哟喂＋煤气"（peeyoo+gas）这个词语组合，它们加在一起后发音类似于"peugas"。在大脑中想象一下这些画面吧！

即使某个外语词汇及其对应的英语单词都很难在你脑海中形成具

体形象的画面，这也没有关系。你仍然可以应用词语代替记忆法，因为它可以让这两个词语都变得有意义起来。"八月"（August）在泰语中的单词是"Singhakom"。"一阵强风"（a gust of wind，发音类似于August）会让你想起"八月"。然后呢，你可以想象一只巨大无比的<u>梳子（comb）正在唱歌</u>（singing，singing comb 发音与 singhakom 相似），忽然刮起一阵强风，把梳子吹走了。或者一只梳子边唱歌边哈哈地笑，就得到了"唱歌+哈哈+梳子"（sing+ha+comb）这样的词组，发音类似于 singhakom。这种画面的确很离谱，但只要一想起来这些画面，你的脑海中就会马上想起对应的单词和它的意思。再来看一个希腊词语"psalidi"（其中的 p 是发音的），意思是"剪刀"。想象一把剪刀正在<u>穿过一位女士的身体</u>（pass a lady，发音类似于 psalidi）。然后复习一下前面想象过的所有画面。

刚才我已经教了七个外语单词及其含义。如果你已经进行过了联想，你肯定就可以记住它们，这是毫无疑问的。如果还没有的话，现在就回头补上。然后翻到下一页，在空白处添上正确的答案。

saia 在葡萄牙语中意思是_____；singhakom 在泰语中意思是_____；bygsor 在瑞典语中指的是_____；psalidi 在希腊语中指的是_____；而在葡萄牙语中，peugas 的意思是_____，bolsa 意思是_____，jantar 意思是_____。

你能记住所有的或者大部分单词的意思吗？能吧！很好。现在做一下下面这个练习（只要能想起来，拼写对错并不重要）。

葡萄牙语中"袜子"的单词是_____，"钱包"的单词是_____；泰语中"八月"的单词是_____；希腊语中"剪刀"的单词是_____；瑞典语中"裤子"的单词是_____；葡萄牙语中"晚饭"和"裙子"

的单词分别是_____和_____。

再来看其他几个单词。在西班牙语中,"hermano"(发音是 air-mon-o)是"兄弟"的意思,"飞行员"(airman)就是一个很好的代替词语。下面就想象一幅包括"兄弟"和"飞行员"在内的画面吧!也许你的兄弟(如果你没有兄弟,可以想象出一个和你长得很像的小伙子)是一位飞行员,他正驾驶着一个巨大的字母"o"而不是飞机在空中飞翔。这样你就得到了词组"飞行员+字母O"(airman O),发音类似于 hermano。想象一下这幅画面吧!

"Ventana"是个西班牙语单词,意思是"窗户"。想象一个叫作安娜(Anna)的小女孩将一台空调(vent)扔到了窗户外面。"空调+安娜"(vent Anna)这个词组的发音与"Ventana"就很相似。现在让这幅画面在你脑海中清晰地浮现出来吧。

再看一个例子。"Mariposa"是"蝴蝶"的西班牙语单词。想象一个叫玛丽(Mary)的女孩正在摆造型(posing),这时一只蝴蝶飞落在她头上。或者你也可以用"结婚"(marry)这个词来代替"玛丽",这样就可以想象一只巨大无比的蝴蝶正在摆造型,因为正在举行它的婚礼。想象一下吧!

在西班牙语中,"desperador"的意思是"闹钟"。"绝望的门"(desperate door)或者"这一对门"(this pair of doors),还有"这个梨+一扇门"(this pear a door)这些词语或短语都可以作为代替词。将"闹钟"与其中任何一个联系起来即可,你可以想象一只巨大的闹钟变成了一扇门,然后就绝望地离开了。如果你能想象这只闹钟叮铃铃地响着,你想象的画面就会更加生动了。

"星星"一词在西班牙语中是"estrella"(发音是 eh-stray-a)。记忆时可以想象一个巨大的字母 S 正在流浪(straying),所以 S 就是个"流浪者"(strayer),它一路流浪直到找到了一颗"星星"。或者字母 S 正在往一颗星星头上洒水 (spraying),这样的画面也能让你想起"estrella"这个词语。现在就来想象一下吧!

在西班牙语中,"拖鞋"这个词是"pantufla"。你可以想象一只巨大的平底锅(pan)正竭尽全力想要飞起来(fly),或者两个平底锅(two pans)马上就要起飞了(fly)。

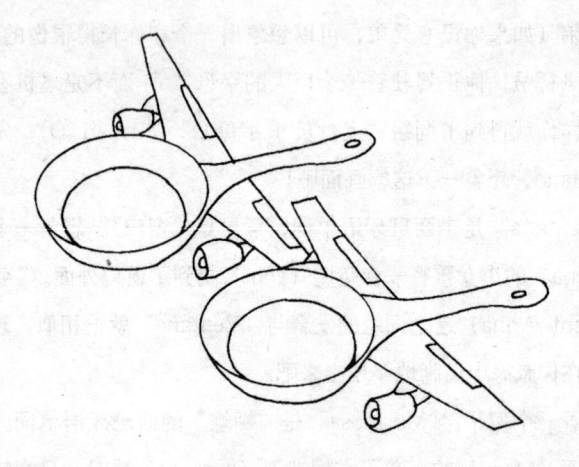

这样你就可以得到短语"平底锅要飞"(pan to fly)或者"平底锅 + 两个 + 飞"(pan two fly),而这些短语与"pantufla"的发音都是类似的。将"拖鞋"与其中一个联系起来就可以了,比方说你脚踏两个平底锅而不是拖鞋,而且这两个平底锅马上就要起飞了,等等。想象一下吧!

还是那句话,如果你已经认认真真地将这些场景在头脑中想象了一遍,那么填出下列空白处的答案对你来说就是小菜一碟了。

mariposa 的意思是 _____ ; estrella 的意思是 _____ ;
hermano 的意思是 _____ ; pantufla 的意思是 _____ ;
ventana 的意思是 _____ ; desperador 的意思是 _____ 。

再来看几个法语词。Bouchon 的意思是"软木塞"(cork),词组"向上推"(push on)或者"灌木丛+上面"(bushon)的发音都和它相近。你可以想象自己正在用力向上推一个巨大的软木塞,或者这个巨大的软木塞上面长了许多灌木丛。还可以是你对着一个巨大的软木塞说"哼!"(boo),因为它将强光照耀(shone)到了你身上。

法语中"葡萄柚"(grapefruit)一词的拼写是"pamplemousse"。看起来很复杂吧?其实一点都不难。只要想象一头驼鹿(moose)身上长满了粉刺(pimples),而这些粉刺其实都是葡萄柚。只要能在脑海中浮现出这样一个场景就够了。想象一下吧!

法语单词"talon"的意思是"脚后跟"。而英语中也有"talon"这个词,只不过意思不一样,是"爪子"的意思。所以你可以想象一只巨大无比的爪子从你的脚后跟处长出来,或者你脚后跟上面有些东西长得很高(tall on,发音类似于talon),哪一种假设都行。这里我并没有要求发音一定要一一对应,因为你要是正在学习这门语言的话,你会很清楚其中特定字母和单词的发音规则,而我只是在教给你如何记住能提醒你想起这些发音的词语。

法语中"écureuil"的意思是"松鼠"(squirrel)。这个单词的发音类似于词语组合"鸡蛋+治愈+油"(egg cure oil),相似程度足够可以提醒你想起来这个单词(即便它最后一个字母l是不发音的)。你可以想象这样一幅荒谬的画面:一只松鼠下了一个蛋,蛋朝着生病的油跑去,目的是为了给它补充营养,将它治愈。

你还可以应用词语代替记忆法学习外语短语。例如,法语中的短语"s'il vous plaît"是"请"的意思。它的发音听起来好像"印章+哼+玩"(seal boo play)或者"银盘子"(silver plate),可以将其中的一个词语组合与"请"联系起来。例如你在对着一个巨大的银盘子说"请",反过来也可以。

在法语中,"c'est trop cher"这句话意思是说"这东西太贵了"。发音类似于"坐+划船+椅子"(sit row chair)或者"说+扔+分享"

(say throw share)。将一个词组与这句话的意思联系起来,选择一幅你认为足够离谱的画面,然后让它在大脑中清晰地浮现。

"Il me faut"的意思是"我需要……"。短语组合"鳗鱼＋我的敌人"(eel my foe)是很好的代替短语,发音相似。你就可以想象一条鳗鱼正试图把你捉住,因为它是你的敌人。所以你很需要别人的帮助,就开始拼命喊"我需要帮助!"

L'addition 是餐厅里面"账单"的意思。发音类似于"少年＋盘子＋打呵欠"(lad dish yawn)。所以你可以想象一个少年在付账的时候,边看着桌上的盘子边打着呵欠。

我已经教了你怎样记忆上面的四个法语单词和四个法语短语了。现在测试一下自己吧,看看是不是把上面的例子都记住了。

c'est trop cher 的意思是 _____ ;talon 的意思是 _____ ;
pamplemousse 的意思是 _____ ;s'il vous plaît 的意思是 _____ ;
l'addition 的意思是 _____ ;écureuil 的意思是 _____ ;
bouchon 的意思是 _____ ;il me faut 的意思是 _____ 。

如果你已经把所有的画面都想象了一遍，而且填对了所有的答案，那么我就成功地向你证明了我的观点是正确的。更重要的是，同时我也向自己证明了自己。如果你需要学习外语中的冠词（分别修饰阴阳性的冠词），就可以为它们分别找一个固定的代替词语。例如西班牙语中修饰阳性名词的冠词是el，修饰阴性名词的是la。区分西班牙语的阴阳性名词还比较容易，因为大多数阴性名词的词尾都以a结尾。修饰阳性名词的冠词"el"，是英语中"高架铁路火车"（elevated train）的缩略形式，因此当你记忆一个阳性名词时，就可以在想象的画面中加入一列高架铁路火车的形象。当你再次回想起这幅画面时，如果里面有列火车的话，就知道了这个名词是阳性的，如果画面中没有火车，这就说明这个名词是阴性的。

在法语中，修饰阳性名词和阴性名词的冠词分别是le和la。记忆时也可以运用同样的记忆技巧，例如对修饰阴性名词的la进行联想，想象某个物体在唱歌，唱着"la，la，la……"然后就可以将这幅画面确定为阴性冠词的固定画面。因此记忆法语中的阴性名词时，就可以想象这个物体正在唱歌，如果你回想起的画面中没有正在唱歌的物体，那么这个词就是阳性。

还有一个办法，适用于任何名词需要区分阴阳性的语言。记忆阴性名词时，可以在想象的画面中加入一条裙子的形象，如果画面中没有裙子，说明该名词是阳性。

现在你是不是想通过一些练习巩固一下应用词语代替法去记忆外语词汇呢？好的，下面就有六个西班牙语单词（发音和拼写基本一致）和六个法语单词（我会为你列出类似的发音）。练习时，先为每一个单词找到一个代替词语或词组，然后将其与对应的英语意思联系起来，也就是说，要按照步骤认真学习和记忆每一个单词。然后对自己进行测试，看看是不是应用词语代替法后就可以轻而易举地记住它们。最后，如果你愿意的话，可以将你选择的代替词语与我的进行对比，看看是否一样或者有什么不同。

西班牙语词：   **法语词：**

corbata：领带   échelle (ay-shell)：梯子

correr：跑步   cicatrice (see-ka-treess)：伤疤

pelota：球   manche (mawnsh)：袖子

preguntar：问   escargot (ess-car-go)：蜗牛

cantar：唱歌   pomme (pumm)：苹果

cuadro：图画   ongle (awngl)：手指甲

等你测试完毕后，下面可以看看我是怎样来记忆这些词语的。

"corbata"（领带）：想象我的脖子上缠绕着一个巨大的苹果核（core)，而不是领带，而且我正拿着一个球拍（bat）拍打它。

"correr"（跑步）：有人正拿着一个巨大的苹果给它去核（coring），这样他就成了"去核工具"（corer)，他为苹果去核的同时还在跑步。"核＋空气"（core air）也是合适的代替词组。

"pelota"（球）：一桶沥青（pail o'tar）正在玩球。

"preguntar"（问）：我正面对着一把枪（gun）祈祷（pray），这把枪被黏糊糊的沥青（tar）所覆盖，而且我还问了它一些问题。

"cantar"（唱歌）：我把一只罐头（can）给撕破了（tear)，因为它唱歌唱的太大声，吵得我睡不着觉。或者我用沥青把一只罐头（can）完全覆盖住了（tarring)。

"cuadro"（图画）：军队小分队的人（squad）正在水中划（row）一幅巨大的图画，而不是划船。

" échelle (ay-shell)"（梯子）：一枚炮弹（ashell）正在攀登一架梯子。或者一个巨大的字母A身上背着一枚重重的炮弹（ashell)，正在攀登一架梯子。

"cicatrice (see-ka-treess)"（伤疤）：我在几棵树 (trees) 之间看到了 (see) 一辆巨大的汽车 (car)，这辆汽车冲进了树丛中，车身上落下了许多伤疤。或者一个巨大的字母 C 正在用刀切(cut)大米(rice)，大米身上满是伤痕。

"manche (mawnsh)"（袖子）：我正在津津有味地咀嚼 (munch) 一只巨大无比的袖子。

（如果把这只袖子想象成连衣裙袖子的话，我就能记住袖子是阴性名词了。）或者想象成一只巨大无比的袖子正咯吱咯吱地咀嚼着(munch)自己。

"escargot (ess-car-go)"（蜗牛）：一只巨大无比的蜗牛形状很像 S。它钻进了一辆汽车 (car)，命令它前进 (go)。

"pomme (pumm)"（苹果）：我想象一只巨大无比的苹果，身上装满了自动机关炮 (pompom)。或者我看到自己正在用拳头打 (pummel) 这只苹果。

"ongle (awngl)"（手指甲）：想象一块巨大无比的手指甲是我的叔叔 (uncle)，或者我的手指甲长很大很大，还可以扳成一定的角度 (angle)。

记忆时词语的长度无关紧要，无论有多长，你都记得住。记得一个希腊人曾经告诉过我,希腊语中最长的词语是"skoulikomermigotripa"，意为"蠕虫和蚂蚁的洞穴（worm and ant hole）"。根据该词的发音和音节，我将它分为以下几部分："学校"(school)，"草原"(lea)，"果核"(core)，"美人鱼"(mermaid)，"将撕裂的人捉住"(got ripper)。只要将这五个词语与该希腊词语的意思连接起来，你就可以很容易记住它了。我是这么想象的：许多<u>蚂蚁洞</u>（ant holes）里的蚂蚁都去<u>学校</u>(school) 上学了，这个学校位于一片<u>大草原</u>（lea）上，草原上到处洒落着<u>苹果核</u>（cores），还有一条<u>美人鱼</u>（mermaid）正在吃苹果核，这时有个人走了过来想把美人鱼撕裂，但她把这个要<u>撕裂她的人捉住了</u>(got ripper)。我用了"苹果核"这个词而没有用"走"(go)，因为它更接近词语中的发音，其实"乌鸦的叫声"(caw) 也可以用作一部分的代替词语。如果不用"将撕裂的人捉住"(got ripper) 这个词组，也可以用"得到 + 撕裂 + 爸爸"(got rip Pa) 或者"走 + 旅途 + 她"(go trip her)。不用"美人鱼"(mermaid) 这个词的话，也可以用"低声说话"(murmur) 来代替。刚开始时你不可能马上就很熟练地把整个单词说出来，但我保证你练习三四次后就能做到了。

在法语里，所有的复合时态都是由助动词"être"（等于英语中的 be 动词）或者"avoir"（等于英语中的 have）加动词的过去分词构成的。对于大多数动词,在构成复合时态的时候都要使用"avoir'"，使用"être"的动词只包括 16 个常见动词和所有的自反动词。这 16 个常见动词如下：

    descendre 下降   venir 来
    devenir 变成   rentrer 回来
    entrer 进入   retourner 返回
    partir 离开   tomber 摔倒

aller 走　　　　　　　mourir 死亡

arriver 到达　　　　　monter 攀登，上

rester 留下，保留　　　naitre 出生

revenir 再次回来　　　sortir 出门

有很多同学都曾经告诉我这 16 个动词记忆起来有些难度。我认识的一个老师教学生们通过记住"公寓"(departments) 这个词记住它们，因为 16 个词语的开头字母都包括在了这个单词里面。另一个老师教学生们想象出一座房子，因为这些动作都可以在同一座房子中发生，你可以在这所房子中诞生，在这所房子中死亡，你回到房中，进去，然后又离开……。

这两种方法记忆起来都不够准确，不够确切。如果你已经知道了这些词的意思，而且只要经过提醒就能想起来这些词，这就等于已经掌握住了它们，那么一条很简单的链接就可以帮你达到这个目标。刚才提到的第二种利用"房子"的形象来记忆还算个不错的方法。首先这条链接的开头词语应该能让你想起 être 这个词语（例如"吃 + 天然的；生的；eat raw"），我是通过下面这条链接记住这些词语的。这条链接逻辑性较强，所以你想象的每幅画面都要尽可能地夸张离谱，这样你的印象才会深刻。最基本的方法如下：

当你<u>来到</u> (venir) 一所大房子面前时，嘴里正在<u>吃</u> (eat) 一大片<u>生</u>(raw)肉。你<u>进入</u>(entrer)房子里面后就顺着楼梯<u>往下走</u>(descendre)，因为你想要拿到更多的生肉片吃。这时你却从楼梯<u>上摔了下去</u> (tomber)。站起来后你又顺着楼梯<u>爬了上去</u>(monter)，想要<u>离开</u>(partir)这所大房子。这时忽然有人冲着你喊："快<u>回来</u>吧 (revenir)！"所以你<u>又回来了</u> (rentrer)，继续沿着楼梯<u>走</u> (aller)。这时另外一个人<u>到了</u> (arriver)，<u>变得</u>(devenir)很生气。你吓坏了，知道如果继续<u>留在</u> (rester) 这里的话就一定会<u>死</u> (mourir)。所以你从房子里<u>出去</u> (sortir) 了，呼

吸着新鲜空气，感觉像获得了新生（naitre）一样，最后发誓再也不会回到（retourner）那所房子了。

多想几遍这个链接起来的小故事（要确定能在脑海中看清楚这些画面），你就能掌握住这 16 个动词了。它们本身的意思可能与故事中的意思有些小出入，但都无关紧要。我们假设的前提是你已经记住了这些词的准确意思，所以能提醒你想起这些词的链接才是最重要的。如果你还想记住这些动词的数量的话，还可以想象在一个盘子（数字 16 的固定词）中看到了生肉，以提醒你共有 16 个动词。

如果你喜欢，还可以为每一个法语词找一个代替词语或短语，但其实并没有必要，因为只有在你学习了这些词语并知道了它们的意思的情况下，你才有可能遇到上面这个记忆难题。只要继续学习本书中介绍的记忆法，你就会逐步学会应用不同的方式来处理这种问题。不过我刚刚教给你的这个办法还是不错的。

在第十章的结束部分，我会回答一些关于词语代替记忆法的问题，同时你还应该回头检查一下自己是不是已经记住了本章中列举出的所有外语单词。我希望你能把它们都记住，因为这对你来说并不难，这样你才会看到自己的进步！

10 英语词汇与 SAT 词汇的记忆

——小菜一碟！

如果你一直在按照我教给你的步骤学习，那么你记忆外语单词的效果肯定从来都没这么好过。而对于即将参加高考的学生们来说，记忆英语单词的重要性更是不言而喻。而且即使所有记忆法都不起作用，你还是要去背诵那些单词！不过在你学习应用记忆法的过程中，你的注意力会十分集中，并且专心致志、心无旁骛，这样就迫使你锻炼了自己的最初记忆力，同时还锻炼了想象力和观察力。当然了，这些记忆法是肯定会起作用的，而且效果会出奇的好。它们将成为你学习过程中一种必不可少和值得信赖的学习工具。

这个学习工具如果拿来记忆英语单词就更简单了。我们已经说过对于即将参加高考的学生来说，英语单词的记忆实在是不容忽视。无论做选择题还是阅读题，无论是练习听力还是口语，记不住英语单词就不可能取得好成绩。前几章中我提到过亚当·罗宾森，《攻破 SAT 考试》一书的作者之一，他就说过记忆词汇是学习的头等大事。其他人也持有同样的观点，例如，在《纽约时报》上发表过的一篇文章中，爱德华·菲斯克称《普林斯顿评论》一书教给学生们记忆的"小花招"让学生们"在考试中比其他竞争者更有竞争力。不过这些"小窍门"只是适用于那些"没有真正掌握这些知识"的人。另外，教育考试服务中心[1]的人也声明说，如果老师们只是单纯鼓励学生依靠小技巧去记忆材料的话，学生们不会真正地掌握所学的知识。这种行为就好比在比赛期间让运动员注射兴奋剂一样。

现在就让我来教给你一种能够掌握所学知识的方法，在本章中就是指掌握英语单词。前几章我们也曾引用过《普林斯顿评论》一书中约翰·凯特兹曼的话，他也承认，由于现在教育考试服务中心正在改变自身的考试策略，所以他现在"在教授应试技巧方面花的时间更少了，而在教授基本的英语和数学知识上花的时间却更多了"。在我看来，这意味着他也意识到了掌握住基本知识才能确保在任何考试中都取得高分。高考辅导系列丛书中的《攻破SAT考试》一书就从我的书中"盗窃"走了一页内容，提到记忆词汇时要通过"想象的办法"，要进行大胆的联想与想象。

不过《时代周刊》上的文章介绍说，《普林斯顿评论》一书的王牌看点之一是书中列出的"历年考试常考词汇"列表。虽然教育考试服务中心声明将要"改变考试策略，尽量不重复历年的常考词汇……"不过凯特兹曼说，令他惊奇的是，这个列表还是那么有用。

所以在下面我要讲的例子中，所有词汇都直接引用自（当然是经过允许后）这个"历年考试常考词汇列表"（你还记得我们在前面两章中讲过的词语"溜须拍马的人"吗？它也是列表中的词。看到这个词，你可能还记得自己变得"讨厌蚂蚁"，因为蚂蚁连续不断地讨好你，露出一副趋炎附势的神态）。

相信我，记忆这些单词的时候，来点大胆的想象肯定是有用的。例如单词"abeyance"意思是"暂时的搁置或推迟"。那么你要找的代

---

[1] 美国著名的教育测试和评估机构，简称为ETS。该组织致力于为近200个国家的个人、教育机构和政府部门提供服务，并在全球范围内开展、管理着每年1200多万人次的考试，其中包括我们所熟悉的TOEFL、GRE、GMAT考试等。

替词语和想象的画面就可以是:<u>蚂蚁们</u>(ants)对着月亮<u>咆哮</u>(baying),或者<u>海湾里</u>(bay)堆满了<u>蚂蚁</u>(ants),"海湾+蚂蚁"(bay ants)这个词语组合的发音就类似于"abeyance"。此外,你还可以在脑海中浮现出一幅夸张离谱的画面,那就是蚂蚁们被<u>暂时地搁置</u>在了空中,所以它们开始咆哮,这样你就把词语的发音和意思牢固地锁定在了你的记忆当中。再来看"paleontology"这个词,它的意思是"古生物学"。你可以想象一个巨大的字母 <u>E 脸色苍白</u>(pale E)地站在一个高高的字母 <u>G 上面</u>(on top G)。"苍白的 E 在 G 的顶端"(pale E on top G)这样一个组合的发音就类似于"paleontology"这个词。下面接着想象,它为什么站在字母 G 的顶端呢?因为只有这样它才能研究<u>古生物化石</u>。想象一下这幅画面吧!

其实记住这些单词就是这么简单。下面我们一起来攻破其他的考试常考词汇吧!

"Mitigate":意思是"使剧烈的程度有所缓和"。代替词语或词组:"棒球手套+一扇门"(mitt a gate),或者是"见面+一扇门"(meet a gate)。想象你<u>见到一扇门</u>,这扇门正忍受着<u>剧烈的疼痛</u>,你马上对它进行了治疗,使它的疼痛变得<u>有所缓和</u>。下面我不会再重复提示你想象画面了,因为现在我不提醒你的时候也应该主动这么做了。等讲解完这些例子后,我会测试一下你的学习成果如何。

"Diligent":意为"勤劳的,工作勤奋的"。想象<u>一个腌萝卜</u>(dill)举手投足间文质彬彬,像<u>一位绅士</u>(a gent)一样,而且正在勤奋工作。或者是你正在努力工作,为<u>一位绅士</u>(a gent)<u>发牌</u>(deal)。

"Complacent":意思是"自鸣得意,容易自满的"。想象你正在邀请<u>一枚一美分的硬币</u>(cent)<u>过来玩耍</u>(come play),但那枚硬币却很<u>自大</u>,拒绝了你的邀请。

"Blasphemy":指的是"亵渎上帝或神祇的言辞或行为"。你可以想象自己大胆地宣告:"如果我说过亵渎上帝的话,那就让我被'<u>天打</u>

五雷轰'(blast for me)"吗？大胆地想象一下吧！或者你说了许多亵渎上帝的话，忽然间发生了一起爆炸案，你问："我会被'天打五雷轰'(blast for me)吗？"

"Meander"：意为"悠闲地漫步"。想象我和她(me and her, 指自己和一位女性)，正在悠闲地漫步。这样的画面没有什么特别之处，所以尽量使画面好笑一点，例如，你们正在树梢上漫步，双脚都离开了地面！

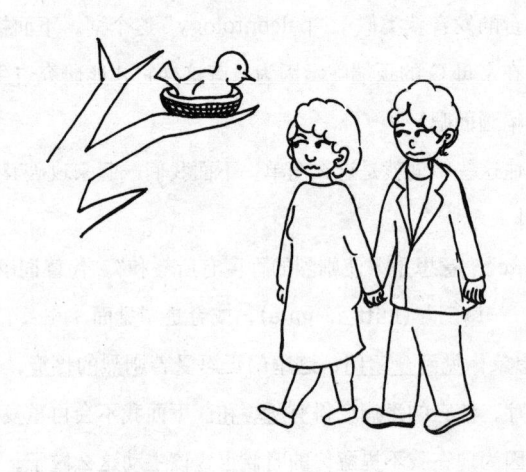

"Emulate"：这个词是"模仿，仿真（尤其是令人羡慕的人或物）"的意思。一个巨大的字母 M 迟到了，你对它说："M，你迟到了 (M you late)！"而且你开始模仿它，因为你一直很崇拜它。发挥一点想象力，而且要在脑海中清晰地浮现出你说的这些话和做的这些动作。

"Supercilious"：指"高傲自大的，傲慢自负的"。想象一头驴表现得极其蠢笨 (super silly ass)，同时却还很高傲自大。

"Bastion"：是"堡垒；要塞"的意思。想象在堡垒的顶端有一只巨大的茶杯，里面盛的茶水是用堡垒上面 (on) 最好的茶 (best tea) 沏成的。

"Peripheral"：这个词的意思是"周围的，四周的"。代替词语或词组可以是"梨+撕破+为了艾尔/所有人"（pear rip for Al/all）或者是"梨/一对+参考"（pear/pair referral）。你能将其中的一个词组与词语意思联系起来吗？例如，你可以想象自己拿着一只巨大无比的梨，你把它撕破后送给了艾尔（你认识的一个人）或者所有人，但是你只是沿着梨四周的果皮撕破了它，或者是你只撕破了这只梨四周的东西。

"Extol"："赞美，颂扬"之意。你可以将"鸡蛋+过路费"（eggs toll）、"鸡蛋+告诉"（eggs told）或者是"鸡蛋+偷"（egg stole）这些代替词组中的任何一个与"赞美，颂扬"的意思联系起来。例如：有一个收费站是专门为鸡蛋们设立的，所有的鸡蛋经过时都要停下交过路费，这就是"鸡蛋的过路费"（eggs' toll，发音类似于extol）。这个收费站的工作人员认真负责，态度端正，人们都禁不住冲到那里去赞美它们。

现在你可以记住这十个单词了吗？下面我会按照不同的顺序把它们列出来。如果你记得住的话，当你看到或读到每个词的时候，它的意思应该会马上闪现在你的脑海中。如果没有，赶快回头加强记忆链接，我敢肯定你会很快记住它们的。下面就是单词列表：

emulate	supercilious
bastion	complacent
meander	peripheral
extol	diligent
blasphemy	mitigate

反过来，如果你听到或读到了词语的意思，应该也能马上想起对应单词的发音。所以从这两方面来说，记忆法都是很有效的。请你记住上面的十个单词以后再接着阅读下面的内容。现在再来看十个词语：

"Acquiesce"："默认，默许"之意。想象你同意了接受一把钥匙，当这把巨大无比的钥匙送到你的手上时，你说："哦，一把钥匙？好的！"(A key？ Yes！)"一把钥匙+好的"(a key yes)这个组合的发音类似于"acquiesce"，足够使你回想起这个单词。所以想象你自己正对着一把钥匙不住地点头表示同意。

"Desecrate"：意思是"亵渎神灵，侮辱圣地"。记忆时可以想象你在一个大沙漠中 (desert) 行走，看到了一只巨大的箱子 (crate)。"沙漠+箱子"(desert crate) 就可以提醒你想起这个单词的发音。这只箱子是个很神圣的东西，也许你可以想象它头顶着光环，但是你却对它拳打脚踢，一点都不尊重它，所以就等于亵渎了神灵。

"Atrophy"：指的是"（由于缺乏使用）萎缩，衰退"。"一件战利品"(a trophy) 或者"我扔掉小费"(I throw fee) 都会让你联想到单词的发音。现在把其中任何一个词组与单词的意思联系起来，也许你可以想象有一件巨大的战利品（可以是一个巨大的漂亮奖杯或者雕像），因为没有人用它（可以想象上面沾满了灰尘，挂满了蜘蛛网），变得开始萎缩。

"Relegate"："贬低，放逐"之意。你正沿着山坡向下<u>滚动一扇门</u>（roll a gate），让它落到一个更低的位置。要确定自己可以清晰地看到这幅画面。

"Candid"：意思是"坦率的，公正的"。一个<u>罐头做了一件错事</u>（can didit），但马上就承认了，因为它很<u>诚实</u>，很<u>坦率</u>。另外，"被糖煮过的"（candied），或者"被装到罐头中的它"（canned it），也都能让你联想起"candid"这个词的发音。或者你可以想象一些人未经允许就公然拍摄一些照片，但又很诚实地承认了。

"Austere"："朴素的，没有任何装饰的"的意思。想象一个人正开着一辆<u>很朴素，没有经过任何装饰</u>的汽车，你对着他喊道："哦！开过来！（Aw, steer!）"除此以外，"马＋亲爱的"（horse dear）、"马＋驾驶"（horse steer）或者"敬畏＋鹿"（awes deer）都是很合适的代替短语，将其中一个与词语意思联系起来即可。例如，你很<u>喜爱的</u>一匹马拒绝进行任何的装饰，它比较喜欢朴素的自己。

"Apocryphal"：意为"假冒伪劣的"。想象你手中拿着<u>一副</u>（a pack）纸牌，然后以一种自己发明的<u>方法洗牌</u>（riffle），但这种方法并不是真的洗牌，是一种<u>假冒的</u>方法。另外，"苹果＋叫喊＋落下"（apple cry fall）也是很好的代替词组，这样你就可以想象听到一只苹果不停地在叫喊着自己要掉落下来了，但它却安然无恙，所以它说的话都是假的，并不属实。

"Repress"："压制，约束"的意思。你<u>不断地按压</u>（re-press）一件起皱了的衬衫，并约束着衬衫的行为，不让它离开熨衣板。

"Incongruous"：这个单词意思是"不合适的，不协调的"。可以想象<u>议会中</u>（in congress）很多议员表现出的行为特征与其议员的身份很<u>不协调</u>。

"Euphony"：意为"和谐悦耳的声音"。想象一个人正在说一些悦耳<u>动听的话</u>（满世界都有回音，这样画面会更夸张），但是他是个骗子

(phony)或者是个<u>很有趣的人</u>(funny),于是你对着他喊道:"你这个骗子!/你真是个有趣的人!"(You phony!/You funny!)

如果你已经将所有单词的代替词语或词组与对应单词的意思联系在了一起,那么再看到这些单词的时候,你就会想起它们的意思。现在就来试试看吧!

Repress	Acquiesce
Candid	Euphony
Desecrate	Atrophy
Austere	Apocryphal
Relegate	Incongruous

如果你已经记住这十个单词了,那就再复习一下前面那十个单词吧!复习时,先看看每个词,再想想它们的意思,你会发现已经把所有单词都记住了,包括 sycophant, abeyance 和 paleontology。然后你还可以回到上一章,运用同样的方法检查一下自己是不是记住了那些外语词汇或词组。现在就去检验一下自己吧!你肯定会对自己的学习成果感到满意的!

很明显,我不可能在这里把所有单词一一列举出来,而且最重要的是你应该依靠自己来练习使用记忆法,而不是只靠我的讲解。其实练习的方法很简单,只要拿过来一本词典,或者找到一个词汇表就可以了。不过练习之前,我想教你怎样将记忆法应用到词汇前缀(词语的开头)、词汇的词根(主体部分)和后缀(词语的结尾)的记忆中去,知道了它们的意思,单词的意思也就变得更容易理解了。下面来看几个例子:

前缀 sub- 的意思是"在……之下"。记忆时可以想象一个<u>潜水艇</u>(<u>submarine</u>)在水面下前进。很明显,你只要记住这个就够了,只不过还要将这幅画面想象得更加离谱夸张。前缀 per- 的意思是"通过,穿过",

可以想象一只巨大的梨（pear）走着穿过了你的身体。前缀 poly- 的意思是"很多"，只要想象有很多的鹦鹉（pollies）就可以了。前缀 ex- 意思是"出去"，可以想象自己正在"x 出来"（可以是走出来，也可以是跑出来，x 代表未知的动作，与前面的 ex 是对应的）。

其实你不需要知道所有前缀的确切意思，只要看到某个前缀的时候想象出一幅画面，来帮助你进一步记忆词语就可以了。例如，每当我看到前缀 con-[1] 的时候我就会想象出一名囚犯，身穿传统的条形囚服。所以对于前缀是 con- 的词语，例如"调和，和解"（conciliate）、"屈尊，同意"（condescend）和"简明扼要的"（concise），你就可以分别这样想象：这名囚犯吃东西（eat）时的样子很傻（silly）；这名囚犯正在往下走（descend）；以及这名囚犯的一双眼睛（con's eyes）。当然了，每一个场景还要与词语所表示的意思再联系起来。

再来看几个词根的意思。词根 -chron- 的意思是"时间"，想象一个国王头上戴着一个钟表（代表时间），而不是一个皇冠（crown）。词根 -clam- 意思是"叫喊"，想象一把钳子（clam）正在叫喊的情景。词根 -culp- 的意思是"指责"，想象有人正在指责你，责备你做错了事。你很郁闷，只能狼吞虎咽地大吃（gulp）。-belli- 的意思是"战争"，想象一场战争正在你的肚皮上（belly）激烈地进行着。-rupt- 的意思是"打破，打碎"，想象自己正在摩擦某件物品（rub），就是为了把它打碎。

后缀 -ward 意思是"沿着……的方向"，想象一下一间医院病房（ward）正朝着你的方向移动过来。后缀 -ose 或者 -ous 的意思分别是"充满了……"和"被送给……的"，想象一个房间塞满了别人送给你的东西。后缀 -atrist 意思是"练习……的人"，想象自己正在练习转身（twist）或者锻炼手腕（wrist）的动作。

---

[1] Con 可以代表"convict"，表示"罪犯，囚犯"之意。

再看两个例子。"prodigal"这个词意思是"浪费的，挥霍的"，想象一下自己正要请专业人士（pro）挖掘（dig）出下水道所有的（all）污泥，但污泥挖出来就全部浪费了。"专业人士挖掘全部"（pro dig all）这个词组的发音就与单词"prodigal"相似。或者这位专业人士挖掘出了全部污泥，但污泥全都变成了垃圾（waste，也有浪费的意思）。单词"stagnant"意为"静止不动"，记忆时可以想象自己正在往一只蚂蚁（ant）身上贴标签（tag）。"贴标签+蚂蚁"（tag ant）这个组合的发音就类似于"stagnant"。而且很容易就能贴上，因为蚂蚁是静止不动的。

与死记硬背地去背单词相比，这种记忆法要简便地多，不仅更有趣还更有创意。

问与答

问：为什么运用词语代替记忆法去记忆英语和其他语种的单词就会变得更容易呢？

答：如果你是跟随着我的思路一直读到这里的，那么在"问与答"环节之前的前两段中你就会发现答案。我已经说过了，这种记忆法除了可以让你集中注意力并加强你的最初记忆力之外，还可以让你练习应用那条最基本的记忆规律，即"总是将需要记忆的新信息与你已经记住的信息联系起来"。

问：如果我在记忆一个单词的时候，实在找不出与其发音近似的代替词语或词组该怎么办呢？

答：你所找的代替词语或词组的发音只要与这个单词的发音尽量接近就可以了，因为有些语种中某些发音在英语中本身就不存在，这都没关系，只要近似就行，没有必要一模一样。如果你想到这个代替词语的时候，它能提醒你想到需要记忆的词汇，这就够了。举个例子，法语单词"écureuil"中的音节"euil"在英语中并没有对应的发音，但是词语代替记忆法仍然可以帮你记住这个词。再比如说"滚动一扇门"（roll a gate）与"贬低"（relegate）一词的发音并不完全相同，"在议会中"（in congress）也不是"不协调的"（incongruous）一词对应的发音，但它们还是可以让你想起单词本身。

其实是你的"自身记忆力"让你记住了这些词的准确发音，这些记忆法只是你"自身记忆力"的辅助手段。"自身记忆力"是你与生俱来的一种能力，它可以使你大脑中的信息自动联系起来。例如，当你听到"下"的时候，大脑就会自动想起来"上"，听到"白"的时候会想到"黑"，听到"冷"时想起"热"，等等。其实"自身记忆力"与经过训练的记忆力之间有条不算太明显的界限，但倘若你持续地运用这些记忆法去锻炼自己的记忆力，二者之间的这种界限就会变得越来越模糊，直至消失。你的大脑本身就是一台可以自动将信息联系起来的电脑，我并没有教给你什么新东西，只是将你已经具有的一种内在能力挖掘出来并发挥到极致而已。

问：词语代替记忆法可以帮助我记住任何语种的单词吗？

答：应用这种记忆技巧时，你所要记忆内容的数量和种类都是没有任何限制的。在你学会应用之前，你大概一直习惯于死记硬背地去记忆新词汇，那么为什么不学习这些记忆技巧，让自己的学习变得轻松起来呢？

问：这种记忆法可以用来学习那些有难度的语种吗？比如说日语和汉语？

答：这些语种有什么不同吗？无论你是不是应用这种记忆法去学习日语或汉语词汇，学习这两种语言都会比其他语言要难一些。不过还是先看几个例子吧。日语中的"konichiwa"表示"你好"的意思。你可以想象一个冰激凌蛋筒（cone）抓耳挠腮的形象，因为它浑身都很痒（itchy），你走近它想问问它到底哪里痒（where），所以你就和它打招呼说"你好！"这样就得到了"冰激凌蛋筒＋痒＋哪里"（cone itchy where）这个组合，与"konichiwa"发音类似。再比如说汉语中的"你好吗？（nee how mah）"，可以将发音相似的"knee how ma"（膝盖＋如何＋妈妈）与其意思联系起来，这样就可以了。总之，无论需要记忆的语种是什么，应用这种记忆法总会使你的学习更加简单方便，这是毫无疑问的。

问：我可以使用这种记忆法去记忆外语短语吗？

答：其实我已经讲过了，你当然可以了！例如法语中的"Comment allez-vous？"意思是"你好吗？"可以这样进行想象：你正在和别人握手问候，问候过"你好"以后就对他说："快来！（Come on!）"并把他带到一个小巷子（alley）里面，让他欣赏那里的景色（view）。这样就有了"快来＋巷子＋景色"（Come on, alley view）这个词语组合，它与"Comment allez-vous？"的发音是很接近的。再比如说"Rien de grave."这个短语在法语中是"并不严重"的意思。记忆时就可以将发音类似的词组"ran the grave"（跑＋墓地）与"并不严重"这个意思联系起来就可以了。

问：如果采用这种方法去记忆外语单词，那些单词的发音就记不准确了该怎么办呢？

答：这并不是个问题。因为我们假设的前提就是你正在学习这门外语，而且你已经掌握了最基本的字母表和正确的发音规则。而且,你的"自身记忆力"也是会发挥作用的，你记住了这个词也就等于记住了它的读音。你最初选定代替词语的时候就代表这个词可以让你想起来对应单词的读音，所以完全没有必要担心这个问题。

问：任何一门语言中的所有单词都会找到对应的代替词语吗？

答：你总会有办法找到一些代替词语，它们的发音与你要记忆的单词近似，而且能让你联想到这个单词。即使这些词语并没有具体的意思，你也可以通过寻找合适代替词这个过程，加强对所要记忆单词的印象。因为在这个过程中你的注意力始终集中在这个单词上面，所以最终它还是会牢固地储存在你的脑海中。

11 人名，数字和日期的记忆

——记住所有美国总统

将你学过的所有记忆法都运用到学习当中去的话，你会发现自己可以轻而易举地记住大量的信息。怎么样，连自己都会大吃一惊吧？只要尽情地展开想象，进行大胆的联想，你就可以解决几乎任何一个记忆难题（再学习两章后你还可以学到另外一种记忆法）。下面我就以记忆美国历届总统为例，讲解一下如何将记忆法应用到学习当中。我曾经问过不同学校的学生，甚至同一个学校不同班级的学生是不是需要记忆美国历届总统，我却得到了许多不同的回答。有人说："不需要呀，老师没有要求我们记住美国所有总统。"有人这样回答："需要，我们必须记住他们所有人的名字。"有人则回答说："我们只需要按顺序记住他们的名字就可以了。"还有人说："我们只要记住他们在任的时间就可以了（这其实和按照顺序记差不多）。"或者说"我们应该记住他们是美国第几任总统。"等等。

我曾经问过《攻破SAT考试》一书的作者之一亚当·罗宾森这样一个问题："你觉得我是不是应该教给学生们所有记住美国总统的方法，然后让他们自己决定采用哪种方式呢？""对啊，当然了，"他回答，"就好像学习艺术的学生应当学习所有的绘画技巧一样，这样他们才能选择最适合自己的方法。你可以教给学生们按照顺序记住所有总统的名字，也可以教给他们按照年代记忆，或者按照在任时间记忆。这些方法都可以，然后让他们自己决定采取哪种方式就行了。"我采纳了他的意见。

即使你不需要记住所有总统的姓名，也可以当成一次练习机会，以后再遇到类似的问题时你就知道该如何处理了，而且你还可以学到一两个新的记忆概念呢！

首先我们要清楚怎样"处理"这些总统们的姓名，其实你已经知道了，那就是使用"词语代替法"。每个人的姓名都是由众多音节组成的，就像其他单词一样。例如华盛顿（Washington）总统的名字就可以用"洗"（wash）或者"正在洗"（washing）来代替，这样你就可以想象<u>正在洗一吨重的衣服</u>（washing a ton of，发音类似于 Washington）。不过其实没有必要这么麻烦，"正在洗"这一个词组就足够提醒你了。

把所有美国总统的名字按照顺序记过去是件很容易也很有意思的事儿，只要为每一位总统的名字想一个代替词，然后将它们链接起来就行了。我相信你绝对没问题！这样记住之后呢，你可以回头把每一个代替词与另外一个可以让你想起该总统在任时间的词联系起来，等到后面你看到"美国历届总统列表"后，我再告诉你们怎样应用。你还可以记住每一位总统是美国第几任总统。为了能记住所有的人，你首先要知道数字 1 到 41 的固定词（如果你还没记住，还是先复习一下吧，因为我知道你肯定想用它们记住所有总统）。我会先详细讲解一下怎样记住前八位总统，怎样以各种方式记住他们，然后我会为其他总统的名字找到合适的代替词语或词组，并把它们列出来，但怎样记忆就要靠自己的练习了。

乔治·华盛顿（George Washington）是美国第一任总统。你已经知道了怎样记住"Washington"这个词了，但怎样将它与数字 1 联系起来呢？你肯定也知道该怎么办，因为你知道 1 的固定词，也就是代表 1 的方式。你只要将名字的代替词语与 1 的固定词也就是"领带"联系起来就行了。也许你可以想象自己<u>正在洗</u>（washing）你脖子上的那条巨大无比的领带，或者说你脖子上挂着的不是<u>领带</u>，而是一台<u>洗衣机</u>（washing）。请在脑海中浮现出你所选择的那幅画面。

第二任总统是约翰·亚当斯（John Adams）。"亚当"（Adam）、"原子"（atom）或者"喉结（Adam's apple）"都是"亚当斯"（Adams）这个词很好的代替词语。如果你想到了亚当和夏娃，想到了亚当身上那片无花果树叶，你都会想起来"亚当斯"这个词。也许你还可以想象一位留着长长的白胡子的老头（就是指"诺亚"，数字2的固定词）坐在那里，有成千上万的人冲着他（at him，发音也类似于 Adams）跑了过去。你也可以编造出另外一幅画面，并让它在脑海中清晰地浮现。

第三任总统是汤姆斯·杰弗逊（Thomas Jefferson）。你可以首先想象出一枚五分硬币（上面印有杰弗逊的头像），然后你问妈妈（数字3的固定词语）："你有个儿子吗？"（D'ja have a son，发音与 Jefferson 类似）。另外，"颤抖+儿子"（s iver son）或者"厨师的儿子"（chef's son）也是合适的代替词。如果你想象的是五分硬币，就可以将自己妈妈的头像印在上面。其实有很多的联想方法，只要选一个进行想象就可以了。

第四任总统是詹姆斯·麦迪森（James Madison）。"药品"（medicine）是个很好的代替词语。你可以想象有人递给你一块黑麦（数字4的固定词语）面包（或一瓶黑麦威士忌）和一些药品。或者你也可以想象麦迪森大道[1]上铺满了黑麦面包。也可以用词组"对儿子生气"（mad at son）来代替。想象一下你选择的那幅画面。

第五任总统是詹姆斯·门罗（James Monroe）。数字5的固定词语是"法律"。你可以利用"人+划船"（man row）、"玛丽莲·梦露"（Marilyn Monroe）或者是"门罗主义（Monroe Doctrine）"提醒你想起这位总统的名字。你可以想象玛丽莲·梦露穿着警察或律师的服装，因为他们代表着法律。

---

[1] 麦迪森大道，MADISON AVENUE，为美国纽约著名的大道之一，现为美国广告业中心。

第六任总统是约翰·昆西·亚当斯（John Quincy Adams）。代替词语可以和第二任总统约翰·亚当斯相同，但是这次你要将代替词语与6的固定词"鞋子"联系在一起。例如，亚当在伊甸园里时，身上没有无花果叶子，而是一只鞋。

第七任总统是安德鲁·杰克逊（Andrew Jackson）。数字7的固定词语是"奶牛"。你可以将"奶牛"与一件<u>夹克衫</u>（jack）或者歌手麦克·杰克逊联系起来，这些你都可以自己选择。例如想象自己正在用一件夹克衫或者夹克衫的儿子（son）小夹克衫（如果你觉得需要加上son这一部分才能记住的话）举起一头奶牛。或者你在为一头奶牛挤奶，挤出的不是牛奶，而是成百上千件夹克衫。想象一下这幅画面。

第八任总统是马丁·范·布伦（Martin Van Buren）。你只要想象出一辆<u>有盖小货车</u>（van）就可以了，因为只有这一位美国总统的名字中有"范"（van）这个词语。但是你也可以用一个<u>写字台</u>（bureau）进行联想，或者二者加起来记忆都可以。例如，你打开写字台的抽屉后就看到一辆装满了常春藤（数字8的固定词）的<u>有盖小货车</u>从里面冲了出来，并朝着你开了过来。

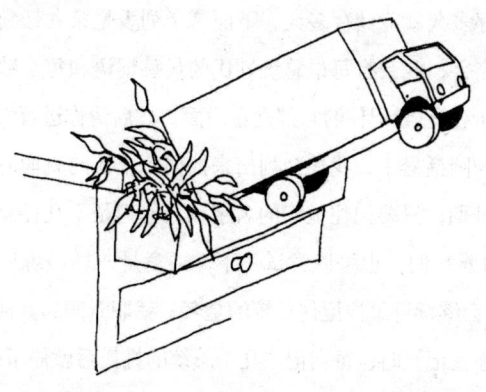

也许你也会想象在大学校园里高高的围墙上长满了众多的小货车，而不是常春藤。选择一幅图画，或者自己想象一幅，然后在脑海中浮现出来。

如果每一次你都进行了认真的联想，那你现在一定记住上面所有的信息了。证明给自己看吧！在下面空白处填上你的答案。

杰克逊是第 ____ 任美国总统；门罗是第 ____ 任美国总统；
麦迪森是第 ____ 任美国总统；杰弗逊是第 ____ 任美国总统；
华盛顿是第 ____ 任美国总统；亚当斯是第 ____ 任和第 ____ 任美国总统；
范·布伦是第 ____ 任美国总统。

再看看你会以多快的速度填出下面空白处的答案：

第四任美国总统是 _____；　　第七任美国总统是 _____；
第一任美国总统是 _____；　　第三任美国总统是 _____；
第八任美国总统是 _____；　　第五任美国总统是 _____；
第六任美国总统是 _____；　　第二任美国总统是 _____。

你会发现自己可以轻而易举地在短时间内就记住上面美国总统的姓氏，同时你也会很享受这个记忆的过程，并让这些信息在大脑中储存下来，想要储存多久就能储存多久。下面这个列表是第九任到第四十一任美国总统的名字，我会将每位总统姓氏的代替词语和每个数字的固定词（虽然这是你应该已经记住的）都列在后面，然后请你进行大胆创新的联想。在后面的圆括号中，我还会列出来他们每个人的就职时间。现在不必记住这些日期，只要记住他们的名字以及他们是第几任总统就可以了（即使你不需要它们，也可以尝试一下，毕竟是一种锻炼记忆力的好方法）。后面我会继续讲怎样记住总统的全名、就职时间和其他一些相关信息。我建议你在记忆时，每当记住几个总统的姓氏后就停下来复习一下，想象一下每一幅画面，然后再继续，如此反复，直至全部记住为止。

第九任总统：威廉·哈里森 William Harrison（1841）
固定词语"蜜蜂"+代替短语"毛茸茸的／匆忙的儿子"（hairy/

hurry son)

第十任总统：约翰·泰勒 John Tyler（1841）
固定词语"脚趾"+代替词语"砖瓦匠"（tiler，铺砖瓦的人）

第十一任总统：詹姆斯·波尔克 James Polk（1845）
固定词语"小孩"+代替词语"戳，刺，穿"（poke）

第十二任总统：托卡里·泰勒 Zachary Taylor（1849）
固定词语"锡"+代替词语"男装的裁缝师"（tailor）

第十三任总统：米勒德·菲尔莫尔 Millard Fillmore（1850）
固定词语"墓地，墓碑"+代替词语"加入更多／感觉更多"（fill/feelmore)

第十四任总统：富兰克林·皮尔斯 Franklin Pierce（1853）
固定词语"轮胎"+代替词语"刺穿，刺破"（pierce）

第十五任总统：詹姆斯·布坎南 James Buchanan（1857）
固定词语"毛巾"+代替词语"蓝色的大炮／吹大炮"（blue/blew cannon)

第十六任总统：亚伯拉罕·林肯 Abraham Lincoln（1861）
固定词语"盘子"+代替词语"一便士硬币或者连接上"（penny/link on)

第十七任总统：安德鲁·约翰逊 Andrew Johnson（1865）

固定词语"大头钉"+代替词语"打呵欠／下巴+儿子"(yawn/jaw son)

第十八任总统：尤利塞斯·格兰特 Ulysses S.Grant（1869）
固定词语"鸽子"+代替词语"花岗石／富丽堂皇的／允许,准许"(granite/grand/grant)

第十九任总统：拉瑟福德·海斯 Rutherford B.Hayes（1877）
固定词语"木盆"+代替词语"干草／烟雾"(hay/haze)

第二十任总统：詹姆斯·加菲尔德 James A.Garfield（1881）
固定词语"鼻子"+代替词语"雪茄／汽车+田地"(cigar/car field)

第二十一任总统：切斯特·阿瑟 Chester A.Arthur（1881）
固定词语"网"+代替词语"作者／啊，那里"(author/ah there)

第二十二任总统：格罗弗·克利夫兰 Grover Cleveland（1885）
固定词语"尼姑"+代替词语"劈开／离开+土地"(cleave/leaveland)

第二十三任总统：本杰明·哈里森 Benjamin Harrison（1889）
固定词语"姓名"+代替词语"毛茸茸的／匆忙的儿子"(hairy/hurry son)

第二十四任总统：格罗弗·克利夫兰 Grover Cleveland（1893）
固定词语"尼禄(古罗马暴君)"+代替词语"劈开／离开+土地"(cleave/leave land)

第二十五任总统：威廉·麦金利 William McKinley（1897）

固定词语"指甲"+代替词语"麦克在草原上／我可以说谎"(Mack in lea／me can lie)

第二十六任总统：西奥多·罗斯福 Theodore Roosevelt（1901）

固定词语"槽口"+代替词语"玫瑰／玫瑰+感觉到"(rose／rose felt)

第二十七任总统：威廉·塔夫特 William Howard Taft（1909）

固定词语"脖子"+代替词语"痴傻的,粗野的／太妃糖／木筏"(daft／taffy／raft)

第二十八任总统：伍德罗·威尔逊 Woodrow Wilson（1913）

固定词语"刀子"+代替词语"将要+儿子／愿望+上"(will son／wills on)

第二十九任总统：华伦·哈定 Warren G.Harding（1921）

固定词语"门把手"+代替词语"坚硬的墨水／正在加硬"(hard ink／hardening)

第三十任总统：卡尔文·柯立芝 Calvin Coolidge（1923）

固定词语"老鼠"+代替词语"冷酷的礁石／冷酷的疥癣"(cool ledge／cool itch)

第三十一任总统：赫伯特·胡佛 Herbert Hoover（1929）

固定词语"小垫子"+代替词语"胡佛+真空／谁+那里／牛蹄,马蹄+空气"(Hoover vacuum／who where／hoof air)

第三十二任总统：富兰克林·罗斯福 Franklin D.Roosevelt（1933）

固定词语"月亮"+代替词语"玫瑰／玫瑰+感觉到"(rose/rose felt)

第三十三任总统：哈里·杜鲁门 Harry S.Truman（1945）

固定词语"木乃伊"+代替词语"真实的／扔+男人"(true/threw man)

第三十四任总统：德怀特·艾森豪威尔 Dwight D.Eisenhower（1953）

固定词语"割草机"+代替词语"我送钟表（小时）／冰+在小时里"(I send hour/ice in hour)

第三十五任总统：约翰·肯尼迪 John F.Kennedy（1961）

固定词语"骡"+代替词语"字母D的罐头／罐头+一天"(can of D's/can a day)

第三十六任总统：林顿·约翰逊 Lyndon B.Johnson（1963）

固定词语"火柴"+代替词语"约翰+儿子／下巴+儿子"(john son/jaw son)

第三十七任总统：理查德·尼克松 Richard M.Nixon（1969）

固定词语"（带柄的）大杯子"+代替词语"刻痕+上／刻痕+太阳"(nicks on/nick sun)

第三十八任总统：杰拉尔德·福特 Gerald Ford（1874）

固定词语"电影"+代替词语"福特汽车"(Ford)

第三十九任总统：吉米·卡特 Jimmy Carter (1977)

固定词语"拖把"+代替词语"汽车+眼泪／手推车+空气"(car tear/cart air)

第四十任总统：罗纳德·里根 Ronald Reagan (1981)

固定词语"玫瑰"+代替词语"光线+再次／光线"(ray again/ray)

第四十一任总统：乔治·布什 George Bush (1989)

固定词语"棍棒；鞭子"+代替词语"灌木丛"(bush)

你是不是将每一位美国总统的姓氏都进行了想象和链接呢？如果是的话，很好，现在就请拿出一张纸来，写下数字1到41，然后在后面写出所有美国总统的姓氏。如果你觉得拿纸和笔很麻烦的话，在大脑中回忆也可以。利用数字1到41的固定词想起这些数字，每想到一个固定词，大脑中就会反应出一位总统的姓氏，与固定词所代表的数字相对应。现在先不要继续读下去了，停下来试试看。

如果你已经记住了从第一任到第四十一任所有美国总统的姓氏，而且不按照顺序也能想起来的话（就好像记忆前八位那样），就对自己进行个小测验，然后你会发现自己真的达到了这个目标。所以只要掌握了语音数字与字母表和固定词语这些记忆技巧，你会觉得把所有总统名字记过去没什么了不起，简直就是小菜一碟。目前为止你不必为每位总统的全名都找出代替词语，因为我们假设的前提是你已经记住了全名，只是需要一个词语提醒你想起来。其实，有时候他们名字中的一部分就能提醒你想起来整个名字，例如，"冰"(ice)或者"眼睛"(eyes)就能让你想起"艾森豪威尔"(Eisenhower)。

如果你还想记住他们的全名，那也没问题！为每位总统的名字找一个代替词语，然后将这个词语添加到刚才想象的画面中去就可以了。例如，如果你记忆第三十三任总统杜鲁门时，想象的画面是<u>妈妈</u>（表示33）正在<u>扔</u>（throwing）<u>一个人</u>（man）。那么再记忆他的名字时，就可以想象妈妈或是被扔出去的那个人全身都<u>毛茸茸的</u>（hairy），这个词肯定会让你想起"哈里"（Harry）（不久后你还会学会怎样记忆字母，这样就能记住他的中间名 S 了）。

第十一任总统是詹姆斯·波尔克（James Polk）。你可以想象自己的手指正在戳一个小孩（为了让画面更加离谱，你可以想象手指穿过了小孩身体的情景），这样可以记住他的姓氏。如果你再加入自己<u>瞄准</u>（aim）了手指的方向这一动作，你就会想起来"詹姆斯"（James，与"aim"读音类似）。又比如说，为了区分约翰·亚当斯和约翰·昆西·亚当斯这两位总统，你就可以在想象第六位总统姓氏时的图画中加入有关"赢取 + 看到"（win see）、"赢取 + 字母 C"（win C）、"放弃 + 看到"（quit see）或者"赢取 + 字母 E"（wins E）之类的链接和联想。

最终，在记忆这些人名时，有些人名就会在大脑中形成一些固定的联想了（例如，记忆詹姆斯这样的名字，我就总是用"瞄准方向"这个动作）；那么"威廉姆"（William）这个名字呢？可以想象一个<u>山芋</u>（yam）正在纸上写下它的<u>愿望</u>（will）；"罗伯特"（Robert）可以与"强盗"（robber）有关；而"托卡里"（Zachary）可以与"包 + 携带"（sack carry）联系起来等等。另外，你还可以将任何与总统有关的信息加入到那些想象的画面中去，例如总统的妻子或孩子，或者副总统等，找到他们名字的代替词语，加入到想象的画面之中就可以了。举个例子，"一只老鼠站在<u>冷酷的</u><u>礁石</u>（cool ledge）上"的画面会让你想起第三十任总统的姓氏是"柯立芝"（Coolidge）。如果在这幅画面中加入"门"（doors）的形象，这就会提醒你柯立芝在任期间，副总统的姓氏是"达维斯"（全名是查尔斯·达维斯 Charles G.Dawes）。如果你看到这些门<u>被烧黑了</u>（charred），或者有争吵的动作（quarrels），你都能想起来这位副总统的名字是"查尔斯"（Charles）。

如果你还需要记住总统们就职的年代和在任时间的话，只要在画面中加入一个与日期或时间对应的词语就可以了，但不能加入数字的固定词，因为你已经使用固定词去提醒你这位总统是第几任总统了，再加入固定词的话只会让你混淆这些数字（不过如果你只是将总统名字链接起来记忆，自然可以加入固定词来提醒你日期或时间）。所以，当你记忆"詹姆斯·波尔克"（James Polk, 1845）的时候，你就可以加入词语"铁轨"（rail）或者"卷轴"（reel）来提醒你波尔克是在1845年就任的（两个词语中的辅音字母r和l分别对应着4和5），因为你知道肯定不是1945年。

同样，记忆"托卡里·泰勒"（Zachary Taylor, 1849）的时候，联想的画面中就可以加入"成熟的"（ripe）或者"收割庄稼"（reap），因为辅音字母r和p分别代表数字4和9，所以你就知道他1849年就职了。记忆"米勒德·菲尔莫尔"（Millard Fillmore, 1850）的时候，就可以加入"少女"（lass）或"宽松的"（loose）或"虱子"（lice）这些词，由于辅音字母l和s对应的数字分别是5和0，这样你就能想起1850年。记忆"富兰克林·皮尔斯"（Franklin Pierce, 1853）的时候，画面中可以加入有关"隐约出现"（loom）或者"石灰"（lime）的联想，因为辅音字母对应的数字分别是5和3，你就能想到1853年。

可能你会觉得记忆日期或年份很重要。不过如果你记住了所有总统的就职年份，那么你自然而然地就能推算出每个总统的在任年数了，只要用简单的加减法就可以算出来。例如，波尔克于1845年就任美国总统，而泰勒1849年那一年就职，这就说明波尔克当了四年（也就是一届）的美国总统。由于菲尔莫尔当总统时是1850年，那么这就说明泰勒只当了一年的总统。我们还知道皮尔斯是在1853年那年就任美国总统的，这就说明菲尔莫尔在任的时间是三年。看看列表中每位总统的就职年份，你就可以很快算出每位总统的在任时间。

在下一章和第十四章中，我会教给你一些其他记忆日期的方法，都是很奇妙的记忆法，快来一起学习吧！

12 美国历史知识的记忆

——记住所有重大事件

我曾经问过一些学生有没有必要记忆一些美国历史上的重大事件及其发生时间（我上学的时候是肯定要求记住的）。他们有人说没有必要记住很具体的时间；也有人说绝对有必要都记住；还有人告诉我即使老师要求记住，他们也认为很多余。而许多老师都要求学生们记住历史事件发生的顺序，而不是事件发生的具体时间。不过，如果想记住历史事件发生的顺序，我想不出比记忆发生的具体时间更好的方法了，因为日期的作用就是告诉我们事件发生的先后顺序。

在上一章中，我们讨论了名字和数字的记忆。其实需要记忆的名字不仅仅包括人名，还包括地名和事件名称。

也许你觉得没有必要记住美国每个州加入联邦政府的日期，也许你觉得记住世界上同时期的重大事件才更有用。可以啊，那就把重大事件的名称与州的名称还有时间都联系在一起吧，反正如何记忆都是你自己的选择。现在就来看看怎样记住每个州加入联邦政府的时间，看看记住这些时间有多么容易！首先为每个州的名称找一个代替词语，然后将它与标志时间的词语联系起来就可以了。表示年份时，我们没有必要把前两位表示世纪的数字也转换成词语，因为大多数日期都是在18世纪末或19世纪。只要用一个词语提醒你想起来后面两位的年份就可以了，这个词语可以是数字的固定词语，也可以是数字对应的语音字母。看看如何记忆下面的历史事件和发生时间，你可以充分地想象，大胆地联想。

佛蒙特州（Vermont）是于1791年加入联邦政府的。想象一下一个巨大的罐子（pot）里面装满了害虫（Vermin）。"害虫"（vermin）的读音可以提醒你想起"佛蒙特州（Vermont）"，而"罐子"（pot）这个词中的辅音字母p和t分别对应着数字9和1，表示91年。如果你想完整地记住1791这四个数字的话，可以加入"拿走罐子"（took pot；辅音字母t，k，p，t分别对应着1，7，9，1）这个动作。

肯塔基州（Kentucky）加入联邦政府的时间是1792年。可以这样想象：你忽然变得不能说话了（can't talk），因为有一根鸭子骨头（duck bone）卡在了你的嗓子里，或者只是"一根骨头"（bone）也可以，因为92的固定词语是"骨头"。"不能说话"（can't talk）的读音类似于"肯塔基州（Kentucky）"，而"鸭子骨头"（duck bone）中的辅音字母d，k，b，n分别对应着数字1，7，9，2。

田纳西州（Tennessee）在1796年那一年加入联邦政府。你可以将"十，我看到了"（ten, I see）或者"网球+看到"（tennis see）与"徽章"（badge）或者"狗+灌木丛"（dog bush）联系起来。

印第安纳州（Indiana）加入联邦政府的时间是1816年。只要将"印度"（Indian）与"盘子"（dish）联系起来就可以了。

伊利诺伊州（Illinois）于1818年加入联邦政府。只要想象出一只生病了（ill）的鸽子（18的固定词语）就可以了。

缅因州（Maine）加入联邦政府的时间是1820年。你可以将"鼻子"（代表20）与"管道"（main，发音与Maine近似）联系起来。如果你想记住1820这四个数字，就可以加入"长沙发椅"（divans）或者"有盖小货车"（vans）的形象。因为你知道第一个数字肯定是1。

明尼苏达州（Minnesota）于1858年加入联邦政府。将"小苏打"（mini soda）与"火山熔岩"（lava）、"叶子"（leaf）或"爱"（love）联系起来即可。

如果你将"颜色+一个脚趾"（color toe）与"笼子"（cage）或者"现金"（cash）联系起来就知道科罗拉多州（Colorado）加入联邦政府

是在 1876 年。

你可以在任何一个链接中加入想要记忆的信息。但是如果你只是阅读却没有自己练习的话,你就不会对这种记忆法的好处有切身的体会。只有按照我的建议按部就班地练习过了,你才能感受到这种记忆法的魅力所在,才能锻炼自己的记忆力,从而有所进步。

虽然你没有必要记住一些事件具体发生在何年何月何日,但只要你想,你肯定可以轻而易举地记住。我发明了一种比较简便的方法,利用一个词就可以想起某个事件发生的年份、月份和日期。这个词或短语开头的辅音字母对应的数字必须与需要记忆的月份相同(例如五月份对应的数字就是 5)。第二个辅音字母对应的数字则要与这个月份的具体日期对应起来(也就是 1 到 31 之间的数字),而其余的辅音字母就是提醒你年份了。所以你可以创造出任何一个词语或短语,其中包括所有你想要记忆的时间信息。

假设你想记住尼尔·阿姆斯特朗(Neil Armstrong)是地球上第一个登上月球的人,而且这件事发生在 1969 年。这样你就可以想象一只很<u>强壮的胳膊</u>(strong arm)从一艘轮船(ship,表示 69)上走下来登上了月球。

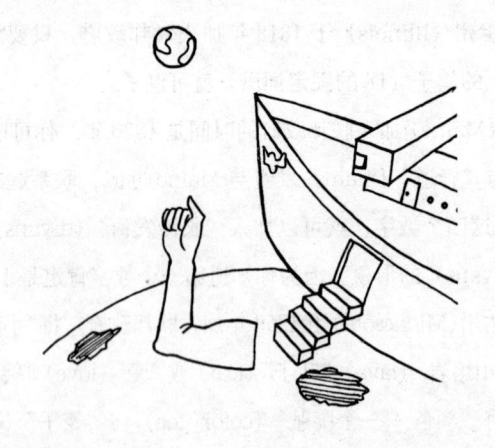

如果你还需要记住具体的月份和日期的话,你可以想象这只胳膊登

到了成千上万只罐头之上（cans，这个词对应的数字是720，表示7月20日）。如果只想记住年份和月份的话，"调味番茄酱"（ketchup，对应的数字是769，代表1969年的第七个月）是个很好的代替词语。

还有一些其他的记忆方法，例如你可以为一年之中的每一个月份都用一个固定词语来表示，然后在需要的时候直接加入到想象的画面中即可。例如，"五朔节花柱"[1]（maypole）就可以作为五月（May）的固定词语；"鞭炮和礼花"[2]或者"宝石"（jewel）都可以用来代表七月（July）；"一阵强风"（a gust of wind）代表八月（August）；"门卫"（Janitor）代表一月（January），"大猩猩"（ape）或者"阵雨"（四月经常下阵雨）可以代表四月（April）等等。不同情况下你可以自己决定哪种方法用起来比较方便，然后加以选择。我把所有可能的记忆法都教给你就是让你可以自己选择，因为最适合自己的方法才是最好的。

对于下面列举出的一些历史事件，我建议你最好用词语代替法和画面联想的方式去记忆，而且只有自己创造的词语或画面记忆起来效果才是最好的。不过无论这幅画面是你想出来的还是我想出来的，一定要练习下面这些例子。而且更重要的是，当你看到自己的记忆成果后，你会更加了解自己的潜力，意识到自己究竟可以取得什么样的成绩。随后我会对你进行测试，所以一定要保证脑海中能清晰地浮现出想象的画面来。

事件一：卡斯特（Custer）的"最后据点战役"[3]发生在1876年6

---

[1] 用花和彩带等装饰的柱子，人们欢庆五朔节时常围绕此柱跳舞、游戏。四月三十日被称为"五朔节"或者"五月前夜"，它是欧洲春天里最古老并且最重要的节日之一。据说，这个节日的名称是从一个意为"明亮的圣洁的火"的凯尔特词演变来的，节日旨在庆祝春天里百花盛开的景象。
[2] 由于美国国庆节是7月4日，所以用来欢庆节日的鞭炮和礼花可以提醒你想到七月。
[3] 1876年，美国陆军中校乔治·阿姆斯特朗·卡斯特率领第七骑兵队在小巨角河攻打由苏族、夏安族以及阿拉帕霍部落组成的印第安人联盟，美国陆军伤亡惨重。但是卡斯特及其军队最后的幸存者面对着步步逼近的印第安游牧部落，一直战斗到最后一秒钟。这场著名的战役被称作卡斯特的"最后据点战役"。

月 25 日。

想象：有许多的冰激凌（custard）（或者用词组"倔强的她 cussed her"）正在穿越海峡（channel，对应的数字是 625，代表六个月的第 25 天，即 6 月 25 日）。它们随身携带着很多现金（cash）。

事件二：1844 年 5 月 24 日，世界上第一份长途电报实验成功。

想象：一个电报机正在划船（rower，对应着数字 44），它朝着月球的方向划去，完成了一次月球之旅（lunar，对应着数字 524，表示 5 月 24 日）。其实只要记住 44 就可以了，因为你肯定知道这件事不可能发生在 1744 年或是 1944 年。

事件三：1215 年，约翰王（King John）颁布了《自由大宪章》(Magna Carta) [1]。

想象：一块巨大的磁铁吸引着一辆汽车（magnet car，与 Magna Carta 发音相似）。一位国王，头上戴着的不是王冠而是一个叫约翰的人，他与医生签署了一项协议，因为要做一个牙科手术（dental，对应的数字是 1215，表示 1215 年）。如果你觉得还有必要记住宪章的签署地点兰尼米德（Runnymede）的话，只要加入一个代替词语能让你想起兰尼米德就可以了，例如这个词可以是"柔软的肉"（runny meat）。

事件四：公元前（BC）327 年，亚历山大大帝（Alexander the Great）侵占了印度。

如果你觉得需要一个词专门来提醒你时间是公元前（BC）的话，就可以在联想中加入"比克钢笔"（Bic）[2] 的形象。记忆时可以想象有一个人喜欢用舌头舔沙子（lick sand，发音类似于 Alexander），而且他

---

[1] 英国封建专制时期宪法性文件之一。习称《大宪章》。1215 年 6 月 15 日，英国贵族胁迫约翰王在兰尼米德草原签署的文件。文件共 63 条，用拉丁文写成。多数条款维护贵族和教士的权利。

[2] 比克制笔公司（Bic Pen Corp.）是美国一家著名的制造圆珠笔的公司。七十年代末该公司的业务领域还仅仅限于圆珠笔的制造，但那时比克产品就以物美价廉、易于使用等特点在圆珠笔市场取得较为稳固的优势。

认为自己很伟大（great），他身穿貂皮（mink，对应数字为327），并且嘴里喝着印度墨水。其他代替词语例如"狂热的"（manic）、"和尚"（monk）或者"我的脖子"（my neck）也都可以。

事件五：威廉·莎士比亚出生于1564年4月26日。

你正坐在一个牧场（ranch）中，手中摇晃着（shaking）一个高大的罐子（tall jar），罐子中装着一只长矛（a spear）。

如果你觉得只需记住月份和年份的话，"咯吱响＋罐子"（rattle jar）或者"咯吱响＋椅子"（rattle chair）这种词语组合就足够了。

事件六：美国于1867年3月30日从俄罗斯手中购买了阿拉斯加州。

你正在排队购买烘烤过的阿拉斯加馅饼（或者用"我将要问她 I'll ask her"和"最后一辆汽车 last car"来代表阿拉斯加），和你一起排队的几乎全是妈妈们（mums，对应的数字是330，代表3月30日）。拿到馅饼后你支付了一张巨额支票（check，对应着数字67）。

事件七：恺撒大帝（Julius Caesar）于公元前44年遭刺杀。

想象一下一盘恺撒（Caesar）沙拉[1]中戳（stab）进了一只比克钢笔（Bic，如果你认为有必要加入提醒你时间是公元前的话），沙拉忍不住咆哮起来（roar）。"看到空气"（sees air）或者"停止空气"（cease air）这些词语组合也是可以的。

事件八：1429年，圣女贞德（Joan of Arc）领导法国军队抗击英国侵略，多次打败英国侵略者。

想象：一只巨大的萝卜拥有（own）一艘方舟（ark）。"拥有方舟"（own ark）与"圣女贞德"（Joan of Arc）发音相似，或者也可以用"约翰＋黑暗"（John dark）来代替。这艘方舟载着它驶向了大陆（land，代表英国England）。

事件九：1752年6月15日，本杰明·富兰克林（Benjamin Franklin）放飞了一只带有避雷针并系有一个钥匙的风筝，以进行电学试验，证明了空中的闪电与地面上的电是同一回事。

想象：一根巨大的富兰克林香肠（frankfurter，可让你想起富兰克林）坐在一架航天飞机上（shuttle，或者用"展示＋告诉show tell"这个词组，代表数字615，表示6月15日），正在放风筝，边放边咯吱它（ticklin'）。如果你想知道这件事发生在哪个世纪，"狮子"这个固定词就足够让你想起年份来了。

事件十：1863年11月19日，林肯（Lincoln）发表了著名的葛底斯堡（Gettysburg）演讲。

想象：一枚巨大的印有林肯头像的一便士硬币得到了他的汉堡（getting his burger，发音类似于葛底斯堡Gettysburg），这个汉堡却被磁带（tape）紧紧地缠绕（tied）着（两个词语中的辅音字母t, d, t,

---

[1] 恺撒沙拉是很多人耳熟能详的一道"美式沙拉"，这个大名鼎鼎的沙拉其实和古罗马的"恺撒大帝"没有任何关系。"恺撒"是创作这道沙拉主厨的名字。把意大利咸鱼、黑胡椒粒蒜头末及柠檬汁等放在一起搅拌，即为恺撒沙拉的酱汁。

p 分别对应着数字 1119，代表 11 月 19 日），最后你还在上面涂满了<u>果酱</u>（jam，63 的固定词）。

复习一下你联想过的所有画面，只要回过头去让每一幅画面在你大脑中清晰地浮现出来就可以了。然后在下面的空白处填上每一个重大历史事件发生的时间。

亚历山大大帝侵占印度的时间是_____ 。
通过世界上第一根电话线传输信息的时间是_____。
美国从俄罗斯手中购买阿拉斯加州的时间是_____。
卡斯特（Custer）的"最后一战"发生的时间是_____。
恺撒大帝被刺杀的时间是_____。
林肯发表著名的葛底斯堡演讲的时间是_____。
《自由大宪章》颁布的时间是_____，是由_____颁布的。
圣女贞德领导法国军队抗击英国侵略的时间是_____。
威廉·莎士比亚出生的时间是_____。
本杰明·富兰克林放飞风筝的时间是_____。

你肯定都填出来了吧？这下相信记忆法的魅力所在了吧？很好，下面还有一些供你练习的重大历史事件。记忆它们不仅可以让你锻炼大脑，还能让你意识到自己的记忆力可以变得多么强大。这都是一些很好的练习。

例一：1519 年，麦哲伦（Magellan）从西班牙出发，自东向西环绕地球一周。

想象：词组"向上翘起"（tilt up）或者"高高的顶端"（tall top）中的辅音字母 t, l, t, p 对应着数字 1519。可以想象高高的山顶<u>发了疯</u>（mad），而且不断<u>大声呼喊</u>（yellin'），因为它很<u>痛苦</u>（pain），这种痛苦是由环游世界引起的。我列举的这些联想中包括了所有可以记忆的信息，你只要有选择性地记住那些你认为有用的信息即可。

例二：1961 年，俄国空军上尉加加林（Gagarin）在太空中完成了环绕地球一圈的任务。

想象：一条巨大的床单（61 的固定词）被用做了塞嘴物（gag）塞到了你的嘴里，但是你的嘴里面进来了一些空气（air in）。"塞嘴物 + 空气 + 里面"（gag air in）这个词组的发音就与加格林（Gagarin）相似。然后你冲进了太空，围着地球环绕一周。

下列三个历史事件都发生在十九世纪。如果你已经事先记住了，在你进行的链接和想象时只要加入可以让你想起年份后两位数的词语就可以了。

例三：1800 年，华盛顿特区被确定为美国首都。

想象：你的妹妹（sis，对应数字 00）正在刷洗国会大厦（capitol，发音与"首都 capital"相似）的穹顶。

例四：1807 年，美国人罗伯特·福尔顿（Robert Fulton）创造出世界上第一艘汽船，并将其命名为"可拉蒙号"（Clermont）。

想象：一艘汽船从一只袋子中（sack，辅音字母 s 和 k 对应着数字 07）冲出（如果你想记住汽船名称的话，就要加入这个动作），冲到了前面一座山峰上清理山上的垃圾（clear up a mountain）。"清理 + 山峰"（clear+moun）的读音类似于"克拉蒙（Clermont）"。

例五：阿拉莫（Alamo）之战[1] 发生在 1836 年。

想象：一根巨大的火柴（match，数字 36 的固定词语）正在与其他火柴进行着激烈的战斗，其他所有的（all）火柴的名字都叫莫（Moe）。

---

[1] 美国历史上最重大的战争之一——得克萨斯争取独立的阿拉莫之战。人数占劣势的阿拉莫保卫者用他们充满智慧的激情以及独立自主的理想，奋起反抗强大的墨西哥政府军。

"所有＋莫"（all moe）的发音类似于"阿拉莫"（Alamo）。或者也可以想象出有关"小羊羔＋噢"（lamb oh）的画面。

你还可以在想象的画面中加入固定词或其他合适的代替词，这都行得通。不过通常情况下，最理想的选择是采用脑海中闪现出的第一个词语或第一幅画面，这样的记忆效果才会是最好的。

另外，在需要记忆的知识中，你有时会发现信息之间有些很明显的巧合，让你很容易就能将它们链接起来一起记忆。例如，美国第八任总统范·布伦（Van Buren）生于1782年，"范"（Van）这个词不仅可以让你记住他的名字，而且其中所含辅音字母 v 和 n 恰好对应着他的出生年份 82。

再看其他几个例子。美国第十六任总统亚伯拉罕·林肯（Abraham Lincoln）出生于1809年，他名字中"亚伯"（Ab）这一部分就可以转化为数字 9，同时你就可以记住他的出生年份是 09。本杰明·富兰克林出生于1706年，记忆这个年份时就可以将他想象为一位<u>圣人</u>（sage，辅音字母 s 和 g 对应着数字 06）。林肯被刺杀的那一年是 1865 年，可以想象成千上万的罪犯都被关进了<u>监狱</u>（jail，数字 65 的固定词语）。拿破仑 1804 年自我加冕，登基成为法国国王，记忆时可以想象他头上的皇冠太重了，以至于他的头都开始<u>疼痛</u>起来（sore，辅音字母 s 和 r 对应着数字 04）。泰坦尼克号 1912 年沉入海底，可以想象它下沉的原因是它是由锡（tin，12 的固定词）做的，这样你就可以自然而然地想起来 1912 年了（如果你觉得需要记住前面表示第二十世纪的两位数，那就可以想象它沉入了"<u>木盆 tub</u>"之中）。

下面这个例子与日期或者年份的记忆无关，不过很有意思。亚伯拉罕·林肯（Abraham Lincoln）名字当中的"罕"（ham）这个字，与他姓氏中的"林"（Lin）加在一起就是他在任期间的第一位副总统的名字"汉姆林"（Hamlin）。

请注意不要专门去找这种纯属巧合的信息。如果你碰到了这样的例子当然好，记忆起来会很方便，但一定要尽量使想象的画面荒谬离谱，记忆起来效果才好。不过并不是所有例子都是这样的。在这里我花费一定的时间和笔墨讲这些例子是因为它们很有意思，可以让你体会到这种记忆方法的乐趣。一般情况下你最好还是按部就班地按照我教你的步骤去记忆，这样学习效果才最理想。而且你会发现，练习的次数越多，记忆法用起来就会越熟练，记忆的效果也就越好。

在下面简短的一章中，我会教你另一种前面提到过的记忆法。这样我们就会多一种手段去记忆更多的历史事件以及发生的具体时间。

13 你认为自己已经熟练掌握字母表了吗？

字母表中的字母其实和数字一样，记忆起来也是有难度的。因为字母也没有什么含义，只是一些符号，也不会在你脑海中形成任何具体的画面，这就是为什么大多数人并没有熟练掌握字母表的原因所在。比方说你现在能将字母表倒背如流吗？你能马上就说出字母表中第12个字母是什么吗？第21个呢？第16个呢？

不过只要你想掌握好字母表，将字母的形象想象出来并记住它们的次序并不是不可能。想象出代表字母形象的画面十分简单易学，你几分钟就可以学会。我知道你学习数学时需要记忆方程式和等式，学习英语时需要记忆拼写，所以字母的记忆对于你来说还是很重要的。因此我建议你还是好好利用几分钟的时间来学习一下这种记忆法。

你需要做的就是为每一个字母找到读音上类似的词语（就像词语代替记忆法那样），然后用这个词语固定地代表该字母。例如，词语"大猩猩"（ape）可以固定地代表字母A，词语"豆子"（bean）可以成为字母B的固定词（我没有选择"蜜蜂bee"这个词，因为它是数字9的固定词），"大海"（sea）代替字母C，"学院院长"（dean）或者"一副牌"（deal）代表字母D，等等。下面我列出了字母表中所有字母及其固定词语（一会儿我会解释为什么每个字母前面还列出了数字的固定词）。

(tie)　　领带 A—大猩猩（ape）

(Noah) 诺亚 B—豆子（bean）

(ma)   妈妈 C—大海（sea）

(rye)   黑麦 D—院长（dean）；一副牌（deal）

(law)   法律 E—鳗鱼（eel）

(shoe) 鞋子 F——半儿（half）；努力，功夫（effort）；泡腾的（effervescent）

(cow)   奶牛 G—牛仔衣裤（jean）；吉普（jeep）

(ivy)   常春藤 H—年龄（age）；痒痒的（itch）；疼痛（ache）

(bee)   蜜蜂 I—眼睛（eye）

(toes) 脚趾 J—监狱（jail）；松鸦（jaybird）

(tot)   小孩 K—蛋糕（cake）；甘蔗（cane）

(tin)   锡 L—高架铁路火车（el, elevatedtrain）

(tomb) 梳子 M—摺边（hem）；皇帝（emperor）

(tire) 轮胎 N—母鸡（hen）

(towel) 毛巾 O—年老的（old）；水（eau/water）；亏欠（owe）；打开（open）

(dish) 盘子 P—豌豆（pea）

(tack) 大头钉 Q—暗示（cue）

(dove) 鸽子 R—艺术（art）；小时（hour，钟表也可以）

(tub)   木桶 S—S 形物体（ess）；曲线

(nose) 鼻子 T—茶叶（tea）；T 字形物，高尔夫球座（tee）

(net)   网 U—母羊（ewe）；少年（时代）（youth）

(nun)   尼姑 V—食用的牛肉（veal）；V 字形（表示胜利的符号）

(name) 名字 W—滑铁卢（waterloo）

(Nero) 尼禄 X—鸡蛋（eggs）；入口（exit）；X 射线（X-ray）

(nail) 指甲 Y—葡萄酒（wine）；抽泣（whine）；妻子（wife）

(notch) 刻痕 Z—斑马（zebra）

你可以随时根据自己的想法或需要更换列表中的词汇，只要确保这个词可以很容易转换成画面，并且发音与字母相似就行了。例如，你选择用词语"小时"来代表字母 R，那么想象出的画面就可以是一只钟表，"滑铁卢"这个词呢？就联想拿破仑。如果你觉得合适，你还可以用词组"麻烦你"(trouble you) 代表字母 W，想象自己陷入了困境，遇到了麻烦。其实把上述列表多看几遍，你就能将字母与其代替词语联系起来，想象成画面并记住了。然后呢，每当你需要记忆字母的时候，只要将该字母固定词的形象加入要想象的那幅画面中即可。

除此以外，你也可以把这些字母的固定词当作数字 1 到 26 的候补固定词，这就是为什么我在每个字母的前面列出了数字的固定词。只要你已经记住了，就可以将这些字母的固定词同时用作数字的固定词。也许你会问，数字已经有固定词了，为什么要多此一举呢？事实是有时候你可能会需要按照次序同时记住两组信息。这时字母的固定词就可以发挥帮助你记忆次序的作用，不过前提是你必须首先记住每个字母在字母表中的次序。所以，将"领带"与"大猩猩"联系起来，你就知道了 A 是第一个字母，因为大猩猩代表 A 而领带则代表 1。

将"毛巾"与"老人"联系在一起，你就知道 O 是第 15 个字母了。若能想象出一个"木盆"正在走 S 形路线，你就可以记住 S 是字母表中的第 19 个字母。请按照这个方法练习记忆每一个字母的次序，每一个字母都要进行类似的联想，一直联想到一头身上有刻痕的"斑马"，你的任务就完成了（然后再按照从 26 到 1 的顺序回顾一下这些数字的固定词，你就可以逆向说出字母表了）。

现在在你的大脑中，每一个字母都代表着一个数字，就像那些数字的固定词一样，比如你可以将"衣服的摺边"与数字 13 联系在一起。虽然同时记忆两个列表时，你也可以都用数字固定词去记忆，但若用数字的固定词记忆其中一个，用字母的代替词语记忆另外一个，就可以避免将两个列表混淆。不过，字母的代替词语还有一个更重要的用法，那就是当你需要记忆的信息（例如数学方程式里）不止一个数字 4（或者其他数字）时，你就可以利用"黑麦"一词代表一个 4，用"豆子"代表另外一个 4，这样也可以避免混淆二者的次序或位置。

其实还有很多方法可以为数字寻找代替词。但迄今为止，基于语音数字与字母表的固定词语列表还是最好用的，因为它不会有数量上的限制。字母表的代替词语就只有 26 个，不过记忆时用于应急还是可以的。还有一种数字的代替词语，通过这些词我教给孩子们几分钟就记住了十件物品。当然了，这个方法不光孩子们可以用，每个人都可以学，学会之后在需要的时候随时应用。这些词语都是基于"儿童齐步走之歌"的歌词创作的，这首歌大多数美国人都耳熟能详。

"这位老人，排第一，他拿着手枪打飞机……"这首歌的每句歌词都很押韵，所以很容易就能记住（在教小孩的时候，我不喜欢用"手枪"这个词，我改为"跑 run"，这个词与"one"也是押韵的，你也可以根据自己的需要做一些改动）。由于种种原因我将歌词做了多处修改，主要是因为其中有一些词语与我们正在使用的固定词相冲突。

1. 手枪（gun）　　6. 棍棒（sticks）
2. 胶水（glue）　　7. 天堂（heaven）
3. 树（tree）　　　8. 大门（gate）
4. 房门（door）　　9. 葡萄藤（vine）
5. 蜂窝（hive）　　10. 钢笔（pen）

歌曲中与数字 2 对应的词语是"鞋子"（shoe），我们不能采用这个词，因为在数字的固定词列表中，它是 6 的固定词。其实真正应用起来也不会混淆，因为你会很清楚自己正在使用哪些固定词语，然后判断出它代表的到底是 2 还是 6。

虽然歌曲中只出现了十个数字，我们也有办法将列表加长，例如用"酵母"（leaven）代表 11，用"架子"（shelf）代表 12。

下一章中，我会继续教给你其他一些记忆技巧，并讲解如何记忆更多的重大历史事件，以及它们发生的时间、地点和其他有关信息。

14 世界历史知识的记忆
——记住英国统治者、中国朝代以及更多

记住美国历任总统以及他们的在任时间对于学习美国历史很有帮助。同样,记住英国所有的国王和女王对于学习世界历史也会大有裨益。不过我举的每一个例子,不可能是所有人都需要记忆的知识,也不会恰好就是你所需要的信息。我只能尽力满足大多数人的需要,尽量列出大多数学生需要记忆的知识。而且更重要的是,你应该明白无论我举什么样的例子,我都是在教给你一种记忆方法、一种记忆技巧,等你熟练掌握了这些方法和技巧之后,你自然可以将其应用到记忆自己最需要的信息和知识之中。下面这个例子是关于如何记忆从 1760 年至今英国的九位国王或女王及其在位时间的。所以无论你是否需要记忆,都请和我一起学习一下这个例子。

乔治三世:1760 年至 1820 年

乔治四世:1820 年至 1830 年

威廉四世:1830 年至 1837 年

维多利亚女王:1837 年至 1901 年

爱德华七世:1901 年至 1910 年

乔治五世:1910 年至 1936 年

爱德华八世:1936 年

乔治六世:1936 年至 1952 年

伊丽莎白女王二世：1952年至今

现在你可以选择自己需要记忆的信息。如果你想在考试中取得好成绩，那么记住这些国王的名称和次序就够了。这是可以的，你只需要将各个国王的名字链接起来记住就可以了。例如，"峡谷"（gorge）+"妈妈"表示乔治三世；"峡谷"（gorge）+"黑麦"表示乔治四世；"愿望"（will）+"山药"（yam）+"黑麦"代表威廉四世，等等。对你来说，可能只是按照顺序将国王名称记住会更容易一些，但上面这种固定词记忆法会更加确切。不过由于这里一共只有九项，在寻找数字的代替词语方面，你就有了多种选择。你可以使用数字1到9的固定词语（从"领带"到"蜜蜂"），或者使用字母的代替词语（从"大猩猩"到"眼睛"），还可以使用与数字押韵的词语表（从"手枪"到"葡萄藤"）。这里我们选择与数字押韵的词语表（这样你就可以看看这种方法的记忆效果了）。

记忆年份时，你也可以只用一个词语代表年份后面的两位数或者三位数就够了（因为你知道开头一定是1）。例如词语"捉住"（catches）中的辅音字母c, ch, s分别对应着词语7, 6, 0, 这样你就明白了这个词代表1760年。

所以词语"捉住"+"鼻子"就可以用来代表乔治三世的在位时间了，"捉住"代表1760年，鼻子是20的固定词，也就是表示1820年。还有一种记忆方法，当你记住了国王的登基时间是1760年后，便可以再加入一个表示国王在位时间的词语。例如，乔治三世统治英国共60年，你就可以在想象的画面中加入"奶酪"（cheese）这个词，经过简单的加减法计算后，你就知道乔治三世具体的在位时间了。

现在假设你需要记住九位国王或王后的名称和次序，以及他们各自的在位时间。而且我们还假设你只需要记住年份的后两位数。这里我们以采用与数字押韵的词语表为例，看看如何记住这些信息。

1（手枪）：想象你的妈妈走进了一个大峡谷（gorge）里面（代表乔治三世），她手里拿着一把手枪。

（在这里，词语"妈妈"不会让你错认为是第三项，因为你知道这里表示次序的词语是手枪。）这把手枪将奶酪（对应数字60）射到了妈妈的鼻子（对应数字20）上。这种联想会告诉你列表中的第一位（手枪）国王是乔治三世（峡谷+妈妈），他在1760年至1820年期间（奶酪+鼻子）统治着英国。请在脑海中清晰地浮现出这幅画面，然后就能记住这些信息了。

2（胶水）：乔治四世（1820年至1830年）。峡谷中（gorge）有一块巨大的黑麦面包（表示乔治四世）。然后将这幅画面与"胶水"联系起来，与"不+总数"（no sums，辅音字母n，s，m，s对应着数字2030，表示从20年至30年）联系起来。

3（树）：威廉四世（1830年至1837年）。一块山药（yam）正在一瓶黑麦啤酒瓶上写着自己的愿望（will）（will+yam表示威廉，再加上"黑麦"表示威廉四世）。将这幅画面与"树"联系起来，然后与"混乱的+带柄的大杯子"联系起来（messy mug，辅音字母m，s，m，g对应着数字3037，表示从30年到37年）。

4（房门）：维多利亚女王（1837年至1901年）。一面门做出了一个 V 字形的胜利手势（victory，可联想到维多利亚 Victoria）。将这幅画面与"我的客人"（my guest）、或"做西服"（make suit）或"混合的"（mixed）联系起来（这些词语中的辅音字母都对应着数字 3701，代表从 37 年至 01 年）。

5（蜂窝）：爱德华七世（1901 年至 1910 年）。一个蜂窝中的所有蜜蜂都在袭击一间医院的病房（ward），但病房中有一头奶牛（cow）（表示"爱德华七世"Edward VII）。将这幅画面与"酸的＋头"（acid heads）或者"悲伤的脚趾"（sad toes）联系起来（其中的辅音字母对应着的数字分别是 0110，表示从 01 年至 10 年）。如果你觉得其中的"蜂窝"一词与数字 9 的固定词语"蜜蜂"在一起容易混淆的话，就可以只想象出蜂窝，蜂窝中没有蜜蜂。或者将"蜂窝"一词替换为"摇摆舞"（jive）或者"跳水"（dive）。

6（棍棒）：乔治五世（1910 年至 1936 年）。一捆木棍正在一个峡谷里面，一位警察（代表 5 的固定词语"法律"）走过来逮捕了它们（代表乔治五世）。将这幅画面与"抛掷我的鞋"（toss my shoe）、"这个＋很多"（this much）或者"领带＋火柴"（ties match）联系起来（其中的辅音字母对应着数字 1036，表示从 10 年到 36 年）。

7（天堂）：爱德华八世（1936 年）。想象天堂中有一间医院的病房（ward），里面到处都是常春藤（8 的固定词）。将这幅画面与"土豆泥"（mash）或者"火柴"（match）联系起来（辅音字母对应着数字 36，代表 36 年）。

8（大门）：乔治六世（1936 年至 1952 年）。想象峡谷中有一只巨大的鞋子（6 的固定词），这只鞋手里提着一扇巨大的门。然后将这幅画面与"我的下巴轮廓"（my jawline）、"火柴＋狮子"（match lion）、"米其林"（Michelin）或者"麦哲伦"（Magellan）联系起来（其中的辅音字母对应着数字 3652，表示从 36 年到 52 年）。

9（葡萄藤）：伊丽莎白女王二世（1952 年至今）。想象有人在葡萄藤上铺了一张床（lays a bed，发音与伊丽莎白 Elizabeth 相似）。长着白胡子的诺亚老头（数字 2 的固定词语）正在上面睡觉。将这幅画面与"绳子"（line）、"狮子"（lion）或者"贷款"（loan）联系起来。

如果上面的每一幅画面你都仔仔细细、认认真真地思考过了，你肯定已经记住了所有国王或女王的名称和在位时间，现在就来试着测验一下自己。上面我用"峡谷"作为"乔治"的代替词语，当然你也可以选择其他合适的词语，例如"下巴"（jaws）、"华丽豪华的"（gorgeous）或者"狼吞虎咽"（gorge）都是可以的。而"爱德华"（Edward）这个名字呢，你也可以选择"床 + 病房"（bed ward）。一定要记住你脑海中闪现出的第一个词语就是最适合你记忆的词语。

你还可以使用同样的方法去记忆俄国沙皇[1]的名字，大概高年级的学生们学习社会课时会学到这个知识点。同样，在记忆各位沙皇的统治时间时，你也有多种选择。只要选择最适合自己记忆的词语就可以了。

米哈伊尔（Micheal）：1613 年至 1645 年

阿列克谢（Alexis）：1645 年至 1676 年

彼得大帝一世（Peter I the Great）：1689 年至 1725 年

叶卡捷琳娜二世（Catherine II the Great）：1762 年至 1796 年

保罗一世（Paul I）：1796 年至 1801 年

亚历山大一世（Alexander I）：1801 年至 1825 年

尼古拉一世（Nicholas I）：1825 年至 1855 年

亚历山大二世（Alexander II）：1855 年至 1881 年

亚历山大三世（Alexander III）：1881 年至 1894 年

---

[1] 沙皇是俄罗斯帝国皇帝 1546 年到 1917 年的称呼。

尼古拉二世（Nicholas II）：1894 年至 1917 年

首先，请记住数字 613～45 表示统治时间是从 1613 年至 1645 年。记忆第一位沙皇时，就可以想象一个叫迈克（Mike）的人或者一个麦克风（microphone）站在大厅（hall）中央（mikehall 读音类似于 Michael），你开枪射中了他（shoot him，其中所含辅音字母对应的数字是 613），他开始在地上滚动（roll，代表数字 45）。这样你就可以记住沙皇米哈伊尔的统治时间是从 1613 年至 1645 年。

阿列克谢（Alexis）这个名字的代替词语可以是"鸡蛋"（eggs）或"腿"（legs）。将其中任何一个词语与词组"尖叫声＋现金"（shrill cash，其中所含辅音字母对应数字是 645–76）联系起来。

"一个伟大的（Great）字母 P 正在撕裂一条领带"的画面可以让你想起彼得大帝一世的名字。还可以接着想象这条领带正在用自己的指甲给一个馅饼刮胡子（shave+pie+nail 中的辅音字母对应的数字是 689–25）。

"一只伟大的猫（great cat）跑着（run）穿过诺亚老人的胡须"可以让你想起叶卡捷琳娜二世的名字。这只猫跑进了一间厨房（kitchen，也可以用词语"垫子 cushion"，对应数字 762）后就藏到了灌木丛（bush，对应数字 96）的后面。如果你不需要提醒就能记住"二世"的信息，你只需要想象一只猫跑进厨房然后藏到灌木丛后面就够了。

记忆保罗一世（Paul I）的时候，可以想象自己正用手拉（pull，发音类似于 Paul）自己的领带，这时一个卷心菜（cabbage，代表数字 796）从里面掉了出来，掉到了你的西服上（suit，对应着数字 01）。

记忆亚历山大一世（Alexander I）时，你可以想象一个撒沙子的人（a sander，发音类似于 Alaxander）将沙子撒进一顶帽子（hat，代表 1）里。当然你也可以用"领带"代表数字 1。不过我不习惯总是用一个词去代表同一个数字，如果这个词出现过很多次了，我就会换另外一个代替词语，这样想象起来才不会很枯燥。比如说<u>最后</u>（final，对应数字是825或者 funnel）往帽子里撒沙子时<u>速度很快</u>（fast，代表801）

记忆尼古拉一世（Nicholas I）时可想象一枚巨大的<u>五分硬币</u>（nickel，发音类似于 Nicholas）头上戴着一顶用乙烯基材料（vinyl，代表数字825）做成的<u>帽子</u>（代表1），上面插着大朵大朵的<u>百合花</u>（lily，代表数字55）。

记忆亚历山大二世（Alexander II）时你还是可以想象出<u>一个撒沙子的人</u>正把沙子撒到诺亚老人的胡子上。原本他的胡子上有个洞，但现在沙子填<u>满</u>了那个洞（full hole，代表数字855，也可以用"孝顺的 filial"或者"连枷 flail"这些词语），诺亚就变得<u>肥胖</u>（fat，代表数字81）起来。

记忆亚历山大三世（Alexander III）时可以想象有个人的<u>妈妈</u>（代表数字3）变成了一只胖胖的梨（pear，也可以用"贪心的熊 avid bear"，代表数字81～94）。而你正把它埋<u>进沙子里</u>（sand，可以提醒你想起亚历山大 Alexander）。

记忆尼古拉二世（Nicholas II）时想象<u>诺亚</u>老人正在<u>雾气</u>中（Vapor，代表数字894）数<u>五分钱硬币</u>（nickel，发音类似于 Nicholas），数过的硬币摞在一起，越摞越高，眼看就要歪倒，你不得不用<u>大头钉</u>把它们钉住了（tack，代表数字17；或者采用围场，paddock，代表数字917）。

同样，你还可以用这个办法记忆中国的各个朝代。这次我会让你自己选择表示年份的词语，不过我可以在词语的选择上给你一些小建议。现在请看下面的中国朝代列表，这个列表并不完全，只是一个缩略表。

史前中国朝代列表

周朝：公元前1027年至256年

秦朝：公元前221年至207年

汉朝：公元前202年至公元220年

唐朝：618年至906年

明朝：1368年至1644年

首先，你可以将这些朝代的名字与其兴亡时间联系起来，然后再将朝代链接起来记忆，或者反过来也可以。我是先将这些朝代链接起来记忆的，作为链接的开头，你可以想象一个名叫戴娜（Dinah）的人（或者选择"用餐的人diner"这个词）正在喝中国茶（Chinese tea）。"中国+戴娜+茶"（Chinese Dinah tea）这个组合的读音类似于"中国 各朝代"（Chinese dynasties）。

然后将这幅画面与一只"史前"动物联系起来，可以想象从茶里面跳出来一只史前动物，这只史前动物就是一只狗（chow，发音类似于"周"），这样你就可以联想起周朝了。这只狗先是对着你的下巴（chin，发音类似于"秦"）咬了一口，然后又咬了你的手（hand，发音类似于"汉"）。或者你也可以想象自己的下巴长出了一只手，同时一辆坦克中（tank，发音类似于"唐"）也长出了一只巨大的手，而坦克中还跳出了一只水貂（mink，发音类似于"明"）。

无论你想象出的画面描述的是什么样的场景，只要其中包括必要的词语和信息就可以。然后将每个朝代与你选择的代替词语联系起来。你可能需要记住一个词来提醒自己时间是"公元前"（BC），这样可以在画面中加入"比克钢笔"（BIC）、"美元"（buck）或者"后背"（back）的形象。"广告"（advertisement）这个词是表示"公元后"（AD）的一个很好的代替词语。不过其实你不需要同时加入"公元前"和"公元后"两个词语，因为每个年份不是公元前，就是公元后，加入哪个词语还要由你自己决定。

学生们都知道，学习世界历史时，记住各大重要战役及其起止时间也是很重要的（这可是很多学生告诉我的），甚至还要记住这些战争的起因和影响。因为知道这些知识后，你就可以从政治、经济、社会等多个方面对一些国家或社会的情况进行逻辑性的推理和分析，这样你就可以更好地了解一个国家战前、战时和战后的情况。而当你掌握了我教给你的几种记忆法后，记忆下面这个列表就变得很容易了。下面这些知识点都摘抄自一本世界历史辅导书，是专门针对高中学生和大学历史专业学生的。

遗产战争[1]（War of Devolution）：1667年至1668年

荷法战争[2]（Dutch War）：1672年至1678年

北部战争[3]（Great Northern War）：1700年至1721年

西班牙王位继承战争[4]（War of the Spanish Succession）：1701年至1714年

波兰王位继承战争[5]（War of the Polish Succession）：1733年至1736年

---

[1] 1667～1668年法国与西班牙的战争是由遗产继承引起的。路易十四的王后是西班牙国王腓力四世之长女，1661年腓力死后，路易以其后之名义要求继承西属尼德兰的遗产，因此这场战争史称"遗产继承战争"。

[2] 法国于1672年入侵荷兰，引发法荷战争。荷兰以决堤防止法军占领阿姆斯特丹，并且与西班牙结盟迫使法国撤兵。英国于同时攻打荷兰，但是荷兰于四次海战均获得胜利，英国遂被迫停战。

[3] 1700年～1721年俄国为夺取波罗的海出海口而发动的对瑞典的战争。

[4] 西班牙王位继承战争（1701年～1714年）是因为西班牙哈布斯堡王朝绝嗣，法国的波旁王室与奥地利的哈布斯堡王室为争夺西班牙王位，而引发的一场欧洲大部分国家参与的大战。

[5] 波兰王位继承战争（1733年～1738年），为欧洲诸国以助波兰立王为名，而满足自身利益之战。其肇始于波兰国王奥古斯特二世驾崩后，王位空悬所致的王位争夺战。而最终演变为统治法国、西班牙及两西西里王国之波旁王朝与神圣罗马帝国哈布斯堡王朝之间的大战。

奥地利王位继承战争[1]（War of the Austrian Succession）：1701年至1714年

七年战争[2]（Seven Years' War）：1756年至1763年

法国革命与拿破仑战争[3]（French Revolutionary and Napoleonic Wars）：1792年至1815年

克里米亚战争[4]（Crimean War）：1854年至1855年（也有资料中记载是1853年至1856年）

萨奥战争[5]（Austro-Sardinian War）：1859年

丹麦战争[6]（Danish War）：1864年

普法战争[7]（Franco-Prussian War）：1870年至1871年

若想记住这些战争发生的次序，可以利用固定词语记忆法记忆，若只是想按照前后顺序记住战争名称，就把它们链接起来记忆就行了。首先根据你的需要，按照一定方式将战争进行排序。你想怎么记住它们呢？按照发生时间，地点还是按照字母排序呢？假设你需要按照时间顺序记

---

[1] 奥地利王位继承战争，是因为奥地利哈布斯堡王朝绝嗣，欧洲两大阵营为争夺奥地利王位，并在奥地利获取利益而引发的战争。

[2] 七年战争，1756～1763年间，由欧洲主要国家组成的两大交战集团（英国与法国，以及普鲁士的侵略政策与奥地利和俄国的国际政治利益发生冲突）在欧洲、北美洲、印度等广大地域和海域进行的争夺殖民地和领土的战争。

[3] 拿破仑执政和法兰西第一帝国时代，法国资产阶级为了在欧洲建立法国的政治和经济霸权，同英国争夺贸易和殖民地的领先地位，以及兼并新的领土而同与奥、普、俄、英为核心的反法联盟进行的一系列战争。

[4] 克里米亚战争，1853年，为争夺巴尔干半岛的控制权，土耳其、英国、法国、撒丁王国等先后向俄国宣战，战争一直持续到1856年，以沙皇俄国的失败而告终。

[5] 萨奥战争，即奥地利萨丁尼亚战争。1859年4月，奥国向萨丁尼亚提出限三日内解除武装的通牒遭到拒绝后，萨奥战争因此爆发。

[6] 1864年普鲁士联合奥地利向丹麦发动的战争。1863年11月，丹麦王国违反1852年的伦敦议定书，将石勒苏益格—荷尔斯泰因和罗恩堡并入丹麦，引起当地日耳曼居民反抗。普鲁士和奥地利乘机向丹麦发动战争。丹麦战败，放弃对两地的权利。

[7] 普法战争是普鲁士为了统一德国并与法国争夺欧洲大陆霸权而爆发的战争。

忆,和上面列表中的顺序一样,那么首先你应将每一场战争的名称与其发生的年份联系起来,然后把所有战争链接起来记忆即可。

"魔鬼"(devil)或者"进化"(evolution)都可以提醒你想起来"遗产战争"(the War of Devolution),将词语"魔鬼"(devil)与"盘子+粉笔"(dish chalk,其中的辅音字母对应着数字1667)联系起来就能记住1667年了。如果你只需要记住67年,那么就可以只加入词语"粉笔"(chalk)。另外,词语组合"盘子+粉笔+猛推"(dish chalk shove)可以提醒你战争发生时间是1667至68年。

记忆法荷战争的时候,你可以想象自己正准备和一枚硬币(coin,72的固定词语)在一个洞穴中(cave,78的固定词语)共进晚餐,而且买单时实行AA制(dutch)。此外,"凹面"(concave)或者"盘子+硬币+洞穴"(dish coin cave,其中所含辅音字母对应的分别是7278,表示从72年到78年)这些词语组合都可以让你想起这次战争的起止时间。

记忆北部战争时可以想象一颗伟大的北极星正在缝补沙包(sew sand,代表数字00~21,也可以用"晒干的seasoned"这个词语)。如果你只需要记忆年份前两位数字17的话,只要在画面中加入"大头钉"(tack,17的固定词)一个词就可以了。

记忆西班牙王位继承战争时,你可以想象有成千上万的人陆续地(in succession)穿过一座大桥(span,发音类似于"西班牙Spain"),这幅画面就可以让你想起战争的名称。如果你想象人们穿越大桥时都坐着轮胎的话(sit tire,其中的辅音字母对应着数字01~14,表示从01年至14年),就可以想起战争的起止年份了。

记忆波兰王位继承战争时可以想象理发店门口摆放的标杆(poles,发音类似于"波兰Polish")正在陆续地前进(in succession)。

接着将这幅画面与"妈咪"(mummy)或者"妈妈"(ma'am)联系起来（两个词语都可以表示33），最后再与"火柴"(match，表示数字36)联系起来就能想起来战争的起止年份了。

记忆奥地利王位继承战争的时候，你可以想象有一辆马拉的火车(horse train，发音类似于"奥地利 Austrian")在屋顶上(roof，代表数字48)划船(row，代表数字40)，边划船边前进(succeeding)。

记忆七年战争时可以想象一头奶牛（代表数字7)正在与几只耳朵打架(ears，发音类似于"年 years")，这头奶牛很难对付(ticklish，表示数字1756)。很明显，这个战争名字很特殊，所以记忆起来只要记住哪一年开始的就可以了。

记忆法国革命与拿破仑战争时，可以想象拿破仑或者一块巨大的拿破仑蛋糕正在与一根狗骨头(dog bone，表示数字1792)和一只鸽子尾巴(dove tail，表示数字1815)决斗。如果你不需要提醒你发生在哪个世纪，画面中只要加入"一捆"(bundle，表示数字9215，代表92年至15年)一个词就够了。

记忆克里米亚战争时可将"犯罪"(crime)与"诱惑＋百合花"(lure lily，代表数字54～55)联系起来。如果你手头的资料恰好记录着这次战争的起止时间是1853年至1856年呢？也没有问题，将"犯罪"(crime)与"石灰＋水蛭"(lime leech，代表数字53～56)联系起来即可。

记忆萨奥战争时，你可以想象一匹马将一条沙丁鱼扔（horse throw，发音类似于 Austro）到了一只鸽子的大腿上（dove's lap，表示数字 1859），或者也可以用"发展"（develop）这个词来表示。

记忆丹麦战争时可想象有一个伟大的丹麦人正坐在你的椅子上（代表数字 64）。

记忆普法战争时，你可以想象一个巨大的名叫弗兰克（Frank，可以让你联想起 Franco）的人正在用手按压（pressin'，发音类似于 Prussian）一个首饰盒（casket 或者用"亲吻猫咪 kiss cat"这个词组，都可以代表数字 70～71）。

如果你对每一场战争的名称都认真联想，并认真复习了的话，那么你肯定就可以回答出有关这些战争和起止时间的所有问题了。例如，如果问题是："七年战争是何年开始的？'你的脑海中就会想象出下面这幅离谱可笑的画面：一头难对付的奶牛正在与一些耳朵打架，然后你就能想起答案是 1756 年。如果问题只包括战争发生时间，问你这场战争的名称时，你也可以通过联想回答出来。

也许你还想按照顺序记住这些战争名称，那就可以将"魔鬼""AA 制""伟大的北极星""桥＋前进""理发店前面的标杆"与"马拉的火车"等等这些词组链接起来，进行大胆的想象，很容易就能记住了。你还可以将其他一些重要信息加入到你想象的画面中去，例如战争的参战方、胜利方和发生地点等等，这些你都可以自己选择。

最近有一个大学生让我看了他历史考试卷上的一道题，题目是这样的："解释下列名词：尤维亚·斯蒂芬（Uriah Stephens）、干草市场广场（Haymarket Square）、全国总工会（National Labor Union）、塞缪尔·高姆珀斯（Samuel Gompers）、霍姆斯特德钢铁厂（Homestead steel plant）、尤金·德布斯（Eugene V. Debs）和普尔曼罢工（Pullman

Strike)"。如果你正在学习这些历史知识，那么就会想起下面的知识点：

尤维亚·史蒂芬斯[1]（Uriah Stephens）：1869成立了神圣劳动骑士团（Knights of Labor）。记忆这些信息时，你可以想象自己正站在陡峭的（steep）山坡上，对着许多只母鸡（hens）喊道："你们都比我高！（You're higher，与Uriah发音类似）"。这时正值午夜，或者你身穿盔甲（可以联想到骑士），而那些母鸡都在忙活着自己手头的工作，都在劳动着。如果你还想记住该组织成立的时间的话，还可以在画面中加入一艘轮船（数字69的固定词语），想象轮船正在和它们一起工作，这样就记住了时间是1869年。

干草市场广场[2]（Haymarket Square）：坐落于芝加哥市，当神圣劳动骑士团的成员在广场举行集会的时候，一枚炸弹突然爆炸，炸死了11名群众。记忆这些信息时，可以想象许多干草和食用蜗牛（escargot，或者用"鸡+货物 chick cargo"来表示芝加哥）一起被送到一个方形（square）市场（market）去卖。当时许多身着盔甲的骑士们正在市场内劳动，都是真的（really，发音类似于"群众集会 rally"）在劳动。这时，一枚炸弹突然在市场内爆炸，炸死了一个小孩（tot，数字11的固定词语）或者一只巨大的癞蛤蟆（toad，可代表数字11）。

美国全国总工会（National Labor Union）：由威廉姆·赛尔维斯（William Sylvis）于1866年成立，是全国所有工会的第一个联合组织。记忆时可以想象全国所有的工人在火车上（choo-choo，代表数字66）一起联起手来。这时，火车上有一张账单（bill，可联想到William），

---

[1] 美国劳工领袖，曾在裁缝店当学徒。后来参与到美国废奴主义和乌托邦社会主义改革运动中。1869年参与建立神圣劳动骑士团，这是美国第一个全国工会组织。

[2] 以干草市场暴乱闻名。干草市场暴乱始于1886年5月1日，以芝加哥为中心，在美国举行了约35万人参加的大规模罢工和示威游行，示威者要求改善劳动条件，实行八小时工作制。5月3日芝加哥政府出动警察进行镇压，开枪打死两人，事态扩大，5月4日罢工工人在干草市场广场举行抗议，由于不明身份者向警察投掷炸弹，最终警察开枪导致屠杀发生，先后共有4位工人、7位警察死亡。五一劳动节就是由此而来。

忽然变成了银子（silver，可联想到 Sylvis）。

塞缪尔·高姆珀斯（Samuel Gompers）：美国劳工联合会（简称AFL）[1]的成立者（成立于1886年），他亲自担任了许多年的联合会主席，直至1924年去世，美国劳动联合会成立后就代替了神圣劳工骑士团。记忆时可以想象一头骡子（mule，发音与 Samuel 相似）穿着短袖背带裤（rompers，发音与 Gompers 相似），站在一条巨大的鱼的身上（fish，代表数字86）。这条鱼的手中挥舞着一面美国国旗，一边挥舞一边将分配好的食物分给工人们（fed-a-ration，发音类似于 federation）。当然了，你也可以想象一只大猩猩（代表字母 A）将一个高架铁路（代表字母 L）掰成了两半（代表字母 F）。后来这条鱼当选了总统，而且就像罗马暴君尼禄（数字24的固定词语）在罗马被大火烧毁时那样，演奏着提琴。最终所有穿着盔甲的骑士们都被鱼所替代（表示美国劳工联合会代替了神圣劳动骑士团）。

霍姆斯特德钢铁厂（Homestead steel plant）：位于美国宾夕法尼亚州的霍姆斯特德地区。1892年该厂决定减少工资，便引发了工人罢工，钢铁厂是罢工者们与300名保安发生冲突的地点。记忆时可以想象有个人正在偷窃(steal，发音与 steel 相似)一套房屋(home)，以代替(instead)一种植物（plant），但却遭到了许多群众的攻击（masses，也可以用"沉思 muses"，代表数字300）。

尤金·德布斯（Eugene V.Debs）：美国铁路总工会的主席，由于普尔曼罢工事件全国闻名，后来他曾得到社会党的支持五次竞选美国总统。记忆他的名字时，如果能记住"初进社交界的少女"（debutantes，表示 Debs）一个词就够了，接着想象德布斯穿着牛仔裤（jeans，发音类似于 Eugene）正在吃生肉（veal，代表字母 V），这幅画面可以使你想起来他的全名。这时，有许多面美国国旗从德布斯的脑袋中（head，

---

[1] 美国劳工联合会是美国历史上最大的工会组织。

也有"主席"的意思）飞出，飞到火车上（可以联想到"铁路"）联起手来（可以联想到"联合会"）。然后它们把一个人拉了进来（pullman，表示"普尔曼Pullman"），并当着全国人民的面打了他一顿(strike，也有"罢工"的意思）。这个人跑到了警察那里去报案（可以联想到5的固定词语法律，代表五次），警察却把他抓了起来，并逼迫他在一个宴会（party，也有"党派"之意）上进行交际活动（socialize，也有"社会化"之意）。

普尔曼罢工[1]（Pullman Strike）：由普尔曼汽车厂的工人们举行的罢工，后来美国铁路总工会的成员们全都加入其中。当时的美国总统克利夫兰（Cleveland）以必须保证信件的正常传送为借口，派出军队维持秩序，进行镇压。你可以想象人们罢工是因为他们是被强拉（pull，可以联想到"普尔曼pullman"）到工厂工作的。同时，还有许多面美国国旗乘坐火车（可以联想到铁路）而来，和他们一起罢工。许多军队也到达了这里，将土地（land）劈开（cleave），然后成千上万封信件都掉了进去。

我知道如果你正在学习世界历史或美国历史的话，需要记忆的知识点一定不计其数。不过即使你并没有在学习历史，记忆这些历史事件对于锻炼记忆力也是很有帮助的。不必担心记不住，后面还有很多记忆的小诀窍等着你去学习呢！

---

[1] 美国大规模的铁路罢工，原因是在发生金融恐慌时，普尔曼豪华汽车公司削减工人薪资25%后，当地工会会员发起罢工。其结局引起人们对反托拉斯法可用来制裁工会活动的关注。

15 单词拼写的记忆
——绝对不会再出错

你能正确地拼写出"dyslexic"(阅读困难症患者[1])这个单词吗？要想记住正确的拼写，你可以想象这样一幅画面：一位院长（代表 D）边开车边喝着葡萄酒（代表 Y），所以开车时走的路线呈 S 形，这样你就可以记住音节 dys 中有个 y；然后记住音节 le；最后再加入"鸡蛋"（代表 X）或者"X 射线"的形象来提醒你词尾是 xic。这样你就可以记住这个单词的拼写了（dyslexic 这个词从某种程度上来讲是"学习上有障碍的人"的总称。不过这一章中我要教授的记忆技巧是适用于所有学生的，无论你学习上是否有障碍或困难，这些技巧都会大有帮助）。

当我还在上学的时候，从来没见有人用过"dyslexic"这个词，以至于我曾经一度怀疑它是否存在，也从来没有人提到过有患上"阅读困难症"的学生。那时我们只是会有一些不分年级的特殊班级，就是说会有诸如地理一班，地理二班的班，此外还有特殊班级。我认为"不分年级的特殊班级"就意味着老师们不知道该把这些学生安排到哪个班上课（其实现在也有许多老师不知道应该怎样安排好一些学生的学习）。

我问过一位名叫弗朗西斯·舒格的补救疗法技师这样一个问题：

---

[1] 阅读困难症指人在阅读方面长期存在问题，据估计大约有一千万美国人患有这种病症。阅读困难症是一种很普遍的学习困难，那些被称为有"学习障碍"的人群很大一部分都受到这一问题的困扰。有阅读困难的人在阅读，写作，拼读，数学，有的时候还有音乐方面存在障碍。有阅读困难的男孩是女孩的三倍。

"对于那些学习上有障碍或者阅读困难症的患者们来说,拥有良好的记忆力到底有多重要呢?"她的回答如下:"它的重要性是不可估量的。这些学生天生就有一些能力缺陷,很难在大脑中储存一些信息,而且每当他们尝试着去记忆的时候,这些信息也很难在大脑中存留太久(也就等于记不住这些知识)。我们尽量帮助这类学生,其实也包括其他学生,学习一些技巧,来记住他们所学知识的一些细节信息、一些日期和时间等等。对于任何人来说,拥有良好的记忆力都是头等大事,而对于那些学习上有障碍的特殊学生来说是尤其地重要。你的这些记忆法在帮助他们训练记忆力时的效果是惊人的。"

在我写这本书时,马克·希澈是一名大一新生,他在高中三年期间就一直使用我的记忆法学习,现在到了大学还在使用,用他的话来讲,可以做到"轻轻松松地学习,轻轻松松地考试"。当他还在读高中时,就辅导过一些学习上有障碍的学生,他给我讲了其中一个名叫比尔的学生的故事。这个孩子以前学习时完全心不在焉,也从来不和别人进行眼神交流,于是马克向他演示了应用这些记忆法如何学习和记忆,还教给他学习了这些方法。马克告诉我比尔的变化很大,效果可以说是立竿见影,他从此有了自信,取得了令人惊叹的进步。比尔的妈妈给马克打电话告诉他说,比尔那天第一次主动做了作业,很多年了这还是第一次。而且他的眼神也开始散发出光芒。

弗朗西斯·舒格听到这个故事后说:"对啊,比尔学会了怎样自己应用记忆法学习,即使他没有将这些记忆技巧应用到学习学校功课中去,这些方法对他的帮助也是巨大的,那便是让他有了自信,而且让他认识到他也可以取得进步,取得骄人的成绩。你的这些记忆法为他提供了一种找回自信的方法,一种可以轻松记忆的方法,能让他更快地从脑海中搜索出问题的正确答案。对于一个学习上有障碍的学生来说,当他能迅速地回答出某些问题的正确答案时,这种记忆法的反馈效果是最理想的。当他们知道有这些方法可以帮助自己记忆时,他们的焦虑感就会消失,而渴望的自信也会随之而来。"

在《帮助孩子们解决学习难题》一书中，作者杰若姆·罗斯内也表达了相同的观点："学习上有障碍的学生学习起来都有困难，老师教起来也就有难度，因为他们不能把老师教的内容牢牢记住（斜体字部分是他的原话）。除非你的大脑可以将信息有序地组织起来，否则你就不会进行有逻辑的推理；如果你记不住昨天学习过的内容，你就记不住今天课堂上学的知识……如果学生们没有能力识别出应该记忆什么内容，也不知道记忆的最好方法是什么，学校的教育就起不到良好的效果（自从 20 世纪 50 年代以来我就一直在强调没有记忆就没有知识）。要让学生们清楚地知道记忆的最好方法，最好的技巧就是将要记忆的内容与你已经记住的内容联系起来。"

同时我也感到很自豪，因为我的记忆法甚至还可以帮助一些沉迷于毒品、酒精和精神抑郁的年轻人。罗纳德·索贝尔教授说我的记忆法的确可以帮助这些精神上不健康的年轻人脱离苦海，罗纳德·索贝尔教授是艾德菲大学的教育管理专业博士，专门向教师们教授特殊教育以及教育学研究的课程。同时，他还是爱兰德公园学校小区的行动顾问，也是纽约希尔赛德医院的特殊教育学校的协调员（这样看来我们可以相信他会对自己的讲话负责，不会信口开河）。

索贝尔教授他自己也在使用我的记忆法，他还为那些学习上有障碍的五六年级的学生们教授我的数字记忆法（学习一些基本的数学内容，例如乘法表格）。不过他教给别人更多的是我的联想记忆法，他告诉我现在这些学生中的大部分人都学会了这些记忆法，而且都开始喜欢向别人大胆地展示自己的记忆力了。

许多学生都认为自己没有学习的能力，很多记忆法对于他们来说都没有用处，但当我教给他们学习链接记忆法时，他们就开始集中注意力。当发现自己可以记住的时候，他们的眼睛顿时变得闪亮起来，就好像在说："我能学会了！"从此，他们的自信心有了很大程度的飞跃，这种变化是难以想象的。

这些孩子们从来没有过成就感，于是很多人就放弃了自己。这种挫败感深深地影响了他们，所以行为上难免会有脱轨之处。我相信在很多情况下，哪怕他们只是记住了一个列表的信息，他们的人生也会因此而改变。一周后当我返回到那个班级时，我发现他们都欢呼雀跃着告诉我他们还没有忘记先前记忆过的信息。对于他们而言，这是一种突破，为他们带来了自尊和自信，这是任何东西都无法取代的。

好了，言归正传吧！本章中我加入了前面这些内容的原因之一就是想让成年人包括家长们，孩子的叔叔阿姨们，朋友们知道本书中教授的记忆技巧可以帮助那些学习上有障碍的特殊学生和患了阅读困难症的孩子们更加乐观地去学习，让他们变得更有自信，从而在学习上取得前所未有的进步和成绩（当然了，同时我也意识到了教授那些有学习障碍的学生们的难度和复杂性，所以我的记忆法并不是对所有人都有效果）。

首先我们来看一个大家经常犯的错误，我把它称作"一犯再犯"的错误。倘若你书写一个单词时犯了拼写错误，那么每次再写到这个词的时候都会犯同样的"措误"（你是不是会写成这样呢？）。经常犯拼写错误就是一个记忆上的问题，因为你没有记住正确的拼写，或者记住了错误的拼写。我们可以帮助你通过运用那条最基本的记忆规则，即"将想要记住的信息与自己已经记住或学会了的信息联系起来"，记住那些你经常会习惯性地犯拼写错误的单词，这些单词都很容易写错。我会马上给你举一些例子来说明。但是首先我们来谈一谈如何打破这种"一错再错"的局面，怎样让你的大脑意识到这种错误（你犯错时其实是毫无意识的），也就是说，怎样迫使你来思考这种错误。

很多人容易把"liquefy"（液化）这个词写为"liquify"。首先我们先来假设你就经常犯这种错误，那么请按照下面的步骤来改正：首先在纸上写下这个单词的错误拼写，写错的那个字母要比其他字母要大，要更醒目，就像这样："liqu Ⅰ fy"。然后再在这个字母上画一个叉，表示这个字母写错了，这样重复写五次。虽然这个方法好像有点傻，但一定要这么做。

现在你的大脑已经开始意识到这个错误了。那么下一步就是要牢牢记住正确的拼写了。将正确的拼写写在纸上，改正的那个字母也要比其他字母大，要更加醒目，然后在这个字母下面画一道线或者把它圈起来，就像这样"liqu E fy"或者"liqu Ⓔ fy"。按照这个步骤把正确的单词写五遍。

如果你按照我说的步骤去做，我敢保证你再也不会把这个词写错了。就像我刚才已经解释过的那样，把错误的拼写写五遍，先是让你意识到了这个错误，然后再把正确的拼写写五遍，就是向形成正确的拼写习惯迈出了第一步。

你可以采取同样的方法来处理那些经常拼写错误的词语。其实这些词语中最容易写错的往往只有一个字母，这个字母就是"罪魁祸首"。例如单词"separate"（分开）就是这样一个词，很多人经常把它错写为"seperate"。按照刚才学过的方法将错误和正确的拼写分别写五遍。

每当遇到这种容易拼错的单词，你都可以运用这种方法来改正。下面还有一些这种单词，其中有一些大概就是你经常会写错的。

关税 tariff，不是 tarriff

抵押贷款 mortgage，不是 morgage

北极圈 arctic，不是 artic

珠宝 jew<u>e</u>lry，不是 jewlry

孤独 lon<u>e</u>ly，lonly

自行车 bic<u>y</u>cle，不是 bicicle

肌肉 mus<u>c</u>le，不是 mussle

教授 pro<u>f</u>essor，不是 proffessor

展览 ex<u>h</u>ibition，不是 exibition

收据 recei<u>p</u>t，不是 receit

拼写错误 mi<u>s</u>spell，不是 mispell

幸运地 fortunat<u>e</u>ly，不是 fortunatly

演员 act<u>o</u>r，不是 acter

界限 bound<u>a</u>ry，不是 boundery

"calend<u>a</u>r"（日历）这个词很容易写成"calend<u>e</u>r"，你可以按照我刚才教你的方法加以改正。不过既然你已经学过 26 个字母的代替词语了（大猩猩，豆子，大海，院长等），就可以用另外一个更简便的方法。只要想象一只<u>大猩猩</u>（代笔字母 A）正在把日历纸一页页地撕下就行了。这样一幅画面可以提醒你字母 a 就是这个单词中那个让你容易犯错的字母。

如果你经常把"insur<u>a</u>nce"（保险）写为"insur<u>e</u>nce"的话，就可以想象一只大猩猩在卖保险。"exist<u>e</u>nce"（存在）一词经常被写成"existance"，可以想象一条鳗鱼（代表字母 e）觉得自己存在于这个世界很快乐，这就可以提醒你注意其中的字母 e 了。你还可以想象两件衣服的摺边（代表两个 m）正在往对方身上互扔<u>炮弹</u>(a<u>mm</u>unition)，这样就可以提醒你"ammunition"这个单词中有两个 m 而不是一个 m。你还可以想象一只<u>大猩猩</u>得到了自己的<u>补助</u>(<u>a</u>llowance)，想象一条鳗鱼正在给别人做<u>手术</u>(surg<u>e</u>ry)，或者一只<u>大猩猩</u>被<u>分解</u>(sep<u>a</u>rated) 了。

用这样的方法去记忆这些单词的拼写可真方便啊！不过先别急，还有更多的小窍门呢！看这个句子："永远不要相信谎言（Never beLIEve a LIE.）"这句话还是我上小学时老师教给我们的，促使我走上专门从事记忆力培训道路的原因也许是多种多样，但这句话肯定是我最大的动力了，因为它对我的触动很深刻。我觉得可能老师自己都没有意识到他教给我们了一条基本的记忆技巧，的确是这样，所有的孩子都知道"谎言"是这么写的：lie，但"相信"这个词的拼写就没有那么容易了，不过只要想想"永远不要相信谎言（Never beLIEve a LIE.）"这句话就能记住了。而且从此以后我意识到了这个办法几乎可以应用于记忆的每一个方面。

不过现在还是来谈谈单词拼写的记忆法。我们可以应用这种办法记忆很多棘手的单词，例如"一块馅饼"（a piece of pie）或者"所有的直线都是平行的（All lines are parallel）"。我们很容易就能记住一些简短单词的拼写，然后我们就可以利用这些简短的单词去记忆复杂一些的单词。再来看一些例子：

当你插话的时候，你就犯错误了。You err when you interrupt.

铁元素是我们生活环境的组成部分。Iron is part of our environment.

一个目录中有一篇日志，是关于销售的广告。A catalog advertised a log for sale.

你们针对口香糖的问题展开了一场辩论。You have an argument over gum.

他的损失惨重。He had a colossal loss.

要想通过是很困难的。It is rough to get through.

她告诉她的秘书一个秘密。She told her secretary a secret.

我们这周三就要结婚了。We'll be wed on a Wednesday.

气球的形状就像一个球一样。A <u>ball</u>oon is shaped like a <u>ball</u>.

变老并不是个悲剧。To <u>age</u> is not a tr<u>age</u>dy.

不要吃皮革。Don't <u>eat</u> l<u>eat</u>her.

二月份的时候你会说:"哎哟,太冷了。"In Fe<u>br</u>uary you say,"<u>Br</u>, it's cold."

将一根羽毛平衡住是一种本事。To balance a <u>feat</u>her is a <u>feat</u>.

当你买到了廉价的东西时,你就赚了。You make a <u>gain</u> when you find a bar<u>gain</u>.

如果你写错了的话你就失败了。You <u>miss</u> out when you <u>miss</u>pell.

当你应用这种办法去记忆那些易错单词的时候,要试着在脑海中能清晰地看到发生的"动作",或者将其想象成一幅画面。你能利用这种方法记住下面这些单词的拼写吗?

顽皮,淘气 mis<u>chief</u>	决定 deter<u>mine</u>
幼儿园 kinder<u>gart</u>en	农夫 p<u>eas</u>ant
货运 f<u>rei</u>ght	礼貌 <u>court</u>esy
必要的 ne<u>cess</u>ary	实验室 <u>lab</u>oratory
永久的 perm<u>a</u>nent	说明 <u>ill</u>ustrate
天才 t<u>alent</u>	商业 <u>bus</u>iness
恶棍 vi<u>ll</u>ain	能力 cap<u>ac</u>ity
女巫 w<u>itch</u>	分钟 mi<u>nute</u>

下面再教你几招,有些容易写错的单词并不太适用于上面这种句型记忆,但是基本的模式还是可以通用的。看下面这些例子:

"presen<u>ce</u>"(出席)是"absen<u>ce</u>"(缺席)的反义词;"present<u>s</u>"(礼物)就是指"gift<u>s</u>"(礼品)的意思。

你吃(eat)了一块牛排(steak)；还用一根棍子(stake)杀死了一条蛇(snake)。

君主(sovereign)负责统治(reigns)国家；天空中下雨了(rain)，落下了水(water)；一位骑士(rider)勒住了缰绳(reins)。

高温(heat)就没有好天气(weather不是whether)。

议会(council)的人员坐着(sits)，而律师(counsel)负责提建议(advises)。

英语中有很多单词的发音相同，人们会很容易将它们的拼写和意思混淆。"stationery"（文具）和"stationary"（固定的）以及"principle"（原则）和"principal"（首长，主要的）就是两个很好的例子。下面我们来看怎样把它们区分开：

一条原则(principle)就是一条规则(rule)。
你学校的校长(princi0)是你主要的(principal)伙伴(pal)。
你用文具(stationery)来写信(letter)或者写字(write)。
你站住不动(stand或者stay)时就固定住了(stationary)。

把上面的例子多看几分钟，你就再也不会混淆它们的意思了。你还可以用这种方法去记忆其他单词，不久后你就会发现，再记忆这种发音相同的单词时，就不用把两个单词都列出来加以区分了，只要记住其中的一个，二者自然就不会再混淆。例如单词"navel"（肚脐）和"naval"（海军的），如果你把肚脐(navel)想象成肚子(belly)上的按钮，就可以记住它的拼写和意思了，这样就没有必要再将"海军的"(naval)与单词"水"(water)联系起来，当然，如果你愿意，这样做也未尝不可。

"Capitol"这个单词含有一个字母o，是指美国国会在华盛顿特区的办公大厦，是一幢穹顶大厦，也可以指州议会的会堂。而具有相同读音的单词"capital"中含有一个字母 a，意思是"首都，首府"或者"资金，资本"的意思。

"Capitol"：dome（圆屋顶）

"capital"：main city of a state or nation（一个国家或一个州的首都或首府）；cash（现金）

所以即使让人容易混淆的单词中并没含有一个你已经认识的单词，你仍然可以运用联系和链接的记忆技巧去记忆。如果你只是多思考了一下"desert"（沙漠）中只有一个 s，而且沙漠中的沙子"sand"也只有一个 s 的话，你就可以记住"desert"（沙漠）这个词的拼写，再也不会犯错了。而另外一个发音相同的"dessert"（饭后甜点）呢？却含有两个 s，但只要记住饭后甜点应该在饭（dinner）后吃，而且"dinner"一词中含有两个 n，就可以想起"dessert"一词中含有两个 s 了。

另外，当你记住了某些词语的拼写时，它们还可以帮助你记住其他单词的拼写。例如，有一次一个学生问我怎样才能记住"occasion"（场合）这个单词中到底含有一个还是两个 c，我问他记不记得"accident"（事故）这个词的拼写，他说记得，他知道这个词中含有两个 c，然后我就告诉他可以将两个词语连成一句话来记忆，如"有时（onoccasion）我身上会发生些事故（accidents）。"这样就可以提醒你"occasion"一词含有两个 c，一个 s 了。

"Alright"（副词，好吧）这个单词的写法其实是不正确的。正确的写法应该是"All right"，只要记住"all right"是"all wrong"（都错了）的反义词就可以了。

你看"expense"（花费）这个词的拼写有问题吗？其实是正确的，不过有些人看着就好像写错了一样，因为他们不记得这个词到底含有一个 s 还是一个 c。那么就这么想象一下"expen$e"吧，想到其中的美元符号,自然你就能想起来是一个 s 了。

前面我已经教过你怎样正确地写出"calendar"(日历)这个词了(该词容易犯错的地方是后面的字母 a)。还有一种办法就是按照下面列出的画面之一进行想象:

1. 天黑(da<u>r</u>k)了,你看不到日历(calenda<u>r</u>)的样子了。
2. 你正对着日历牌(calenda<u>r</u>)玩投飞镖(da<u>r</u>ts)游戏。

再来看一些其他的例子,你可以通过学习这些例子来掌握如何避免在以后的单词拼写中犯错。

1. 在"<u>孤独的</u>"(lon<u>e</u>ly)这个词中有一个孤独的(lon<u>e</u>) e。
2. 一朵<u>鲜花</u>(fl<u>ow</u>er)正在成长(gr<u>ow</u>);我们的(<u>our</u>)蛋糕是用面粉(fl<u>our</u>)做成的。
3. 如果你在"<u>和</u>"(with)这个词的中间加入一个字母 d 的话,这个词的宽度(wi<u>d</u>th)就增加了。
4. 通用汽车(<u>GM</u>)公司在生产汽车方面的判断力(jud<u>gm</u>ent)很正确。
5. 这件东西的"重量"(w<u>ei</u>ght,而不是 wait)有八(<u>ei</u>ght)公斤。
6. 你<u>凝视</u>着(st<u>are</u>)一颗<u>星星</u>(st<u>ar</u>);楼梯(st<u>airs</u>)一层层往上,在<u>空气</u>(<u>air</u>)中延伸。
7. "Super<u>sede</u>"(取代,代替)这个词是唯一一个以"-sede"结尾的单词。记忆它的拼写时可能会有一定困难,因为很难记住结尾是"-sede"还是"-cede",而且许多发音类似的单词诸如"accede"(答应,同意)、"precede"(领先)和"secede"(脱离团体,退出组织)等等都是以"cede"结尾。因此你可以利用书写五遍的方法来记住它,或者想象出一颗<u>超级种子</u>(super seed,发音与 supersede 相同)的画面,你把它播种到地里，这样可以帮助你记住所含字母 s。

8．有很多词都以"-cede"结尾，但只有三个词是以"-ceed"结尾的，它们分别是"succeed"（成功）、"proceed"（继续，出发）和"exceed"（超越）。这三个单词可以这样链接起来记忆：'为了成功，你必须<u>继续超越</u>别人。"

9．也有很多词语不符合"i 在 e 之前，除非在 c 之后"的规则，它们分别是"counterf<u>ei</u>t"（虚伪，假装的）、"sh<u>ei</u>k"（酋长）、"caff<u>ei</u>ne"（咖啡因）、"cod<u>ei</u>ne"（可待因）、"prot<u>ei</u>n"（蛋白质）和"w<u>ei</u>rd"（奇特的）、"s<u>ei</u>ze"（抓住，捉住）、"n<u>ei</u>ther"（两者都不）、"l<u>ei</u>sure"（闲暇，空暇）等。你就可以将这些词语链接起来，造句记忆，例如"那个虚伪的酋长以为咖啡因和可待因能够补充蛋白质。"或者"那个奇怪的银行家既没有抓住闲暇时间来休息，也没有抓住时间娱乐。"

10．现在你知道为了避免拼写<u>错</u>误（mistake）都需要做（take）什么了吧？

所以你看，你完全可以依靠自己的能力记住这些单词的正确拼写，大多数单词的拼写问题都可以用本章所涉及的记忆法加以解决，将它们应用到学习中去，你一定会变成一个比现在要优秀得多的单词拼写高手。而且一定要记住，正是在大脑寻找最合适的记忆法的过程之中，也是在这个将单词联系起来的过程之中，你不自觉地就把注意力集中在了这个词语的拼写上。这就是为什么这种记忆法有效的原因，它真的很有效，不是吗？

16 法律法规和政治文献的记忆

——记住美国宪法、《权利法案》和其他宪法修正案

通过前面那些章节的学习，你已经掌握了足够的记忆方法和技巧，可以解决学校功课中的任何记忆难题了。剩下的时间你只需要多加练习，去体会这些技巧和方法的应用范围有多么广泛，还要好好思考为了解决所有记忆难题，这些方法又应当如何加以运用，变通和控制。在后面的章节中，我还会教你如何将这些方法应用到一些特定的领域中去（下一章我会介绍一种有趣的应用方法，就可以将它们应用到更多的领域了）。下面我举的这些例子可能恰好是你现在正在学习的内容，如果不是，正如我以前提到过的，这也是一次很好的锻炼记忆力的机会。

本章所要讨论的应用领域对于中学生和大学生以及法学院的学生来说都很有用。例如你想要记住美国宪法前十条修正案（又称为权利法案）的内容，这种记忆法就会派上用场了。宪法总共有26条，把它们都记住也是小菜一碟，你只需要数字1至26的固定词语，然后再为每一个词语找一条链接就可以了，而且你用于想象的时间比我在这里描述出来花费的时间要少得多。

第一条：公民享有宗教自由，言论自由，媒体自由等等。

想象：一条巨大的<u>领带</u>（1的固定词语）正在<u>教堂里演讲</u>，而媒体对此事件争先报道。

第二条：公民持有和携带武器的权利不可侵犯。

想象：诺亚老人（2 的固定词语）随身携带着武器登上了方舟。

第三条：未经房主许可，士兵不得驻扎于任何民房。

想象：你的妈妈（3 的固定词语）不允许士兵进入你家住宿。

第四条：公民的人身、住宅、文件和财产不受无理搜查和扣押的权利不得侵犯。

想象：一块巨大的黑麦（4 的固定词语）面包想要强行进入你的房间进行搜查，还想逮捕你，这时一面美国国旗阻止它这样做。

第五条：不得在任何刑事案件中被迫自证其罪

想象：在法庭上，很多警察（法律，5 的固定词）都拒绝回答法官强行提出的问题。

第六条：公民有权要求陪审团予以迅速和公开的审判。

想象：一只巨大的鞋子（6 的固定词语）迅速地穿梭于审判庭之间。

第七条：公民有权请律师为其辩护。

想象：很多奶牛（7 的固定词）扮演着律师的角色。

第八条：不得索取过多保释金，不得处以酷刑。

想象：有人正在用很少的常春藤（8 的固定词语）来保释自己，而不是用自己的全部家当，因此他并没有得到任何的惩罚。

第九条：公民未被列入的其他自身权利同样也应受到保护。

想象：一只巨大的蜜蜂（9 的固定词语）正在叮咬着人们，最后还把他们的右胳膊（right，也有"权利"的意思）拽出，并进行保护。（这幅画面十分暴力，我敢保证你以后肯定忘不了）

第十条：未经立法的权利移交给各州立法院保留。

想象：首先是肌肉发达的（我想象"权利"时的画面）脚趾（10 的固定词语）形象，后来肌肉离开了，回到了州立法院。

如果你已经进行了充分的联想，现在就肯定记住了《权利法案》的全部内容，下面再回顾一遍，你会发现的确已经全都记住了，但还是要复习一遍，然后再继续。

第十一条：各州拥有独立立法权，拥有免受其他各州人民起诉的权利。

想象：一个小孩（11的固定词语）想要把州政府（可以想象为州立法院）告上法庭，但是没有成功，因为它们可以免受起诉。

第十二条：各州有权利自我决定总统和副总统的选举方式。

想象：成千上万的锡片（12的固定词语）正在投票选举总统，它们用的选举方式各不相同。

第十三条：废除奴隶制。

想象：一个巨大的炸弹（13的固定词语）正在拿鞭子抽打奴隶，然后将他们释放了。

第十四条：公民权利受法律平等保护。

想象：每个公民都有一个轮胎（14的固定词语）挂在右胳膊（right，也有权利的意思）上来保护自己。

第十五条：公民都享有投票选举的权利。

想象：一条巨大的毛巾（15的固定词语）正在坚持自己要进入投票间选举的权利。

第十六条：公民有向国家交税的义务。

想象：你正在把盘子（16的固定词语）而不是钱作为税款交上去。（这是多么荒谬的一幅画面啊！）

第十七条：公民有选举参议员的权利。

想象：想象有许多的参议员，他们每个人坐在一个大头钉上（17的固定词语），然后在参议院里面跳上跳下。当然了，你也可以想象一条鳗鱼（eel）和这些参议员一起做同样的动作（action），"鳗鱼＋动作"（eel action）的发音类似于"选举"（election）。

第十八条：禁酒令。

想象：一只巨大的鸽子（18的固定词语）特别想喝酒，于是来到了一家酒吧，想要进去喝一杯，但遭到了拒绝。

先在这儿停下来休息一下吧，现在你可以在大脑中依次回顾一遍从第十一条到第十八条的内容，复习完后再回顾一遍从第一条到第十八条的内容。复习完后再继续学习下面的内容。

第十九条：妇女享有投票权。

想象：成千上万的女人挤在一个大木盆（19的固定词语）里面进行投票选举。

第二十条 总统在任期间若不称职，国会享有罢免权。

想象：许多笨鸭子，长着巨大无比的鼻子（20的固定词语），被驱逐出了国会。

第二十一条：废除禁酒令。

想象：一张巨大的网（21的固定词语）上挂满了一瓶一瓶的威士忌，每个人从上面拿下一瓶开始喝了起来。

第二十二条：无论何人，连续担任总统职务不得超过两届。

想象：一个尼姑（22的固定词语）成为了美国总统，但是不能再次竞选总统了。

第二十三条．哥伦比亚特区（District of Columbia，简写为DC）作为合众国政府所在地的特区，应严格按照国会规定方式选派一定数目的总统投票。

想象：如果缩略词DC或者"严格的"（strict）就能提醒你想起来这条条款的内容的话，你只要将这两个词与"名字"一词（23的固定词语）联系起来就可以了。如果这两个词语不足以提醒你的话，可以想象一纵队的公交车（column bus，读音类似于Columbia）都在选票上写了自己的名字，或者很详细（strict）的一张名片（上面印有你的名字）都可以让你想起来所有的内容。

第二十四条：废除选举税。

想象：一位小提琴演奏家（指尼禄[1]，24的固定词语）要求民众投票时交税，但他被阻止了。

第二十五条：总统不能胜任时的废除及接任规定。

想象：现任总统不胜任时，一个巨大的指甲（25的固定词语）接任成为新总统，或者一个巨大的指甲废除了不胜任的总统并接任成为下一任总统。

第二十六条：年满十八周岁的公民享有选举权。

想象：年轻人进入或者跳水跳进（dive，代表数字18）了投票间，然后在墙上刻下了一道巨大的划痕（26的固定词），以这种方式参与了投票。

请一定要记住，只有你自己亲自想象出来的画面记忆起来效果才会最好，因为这样可以锻炼你的"最初记忆力"，而且只有你自己想出的画面才能第一时间在你脑海中浮现。现在请将美国宪法修正案的26条内容全部复习一遍，然后你会发现已经全都记住了。如果你再遇到法律考试中的典型问题例如"请列出宪法修正案的第二条、第四条和第七条分别赋予公民的权利，并将其具体内容写出"，你就会轻而易举地迅速写出正确答案了。

数字2，4，7马上就会让你想起"诺亚""黑麦"和"奶牛"这几个固定词，每一个词都会让你浮想联翩，提醒你每一条条款的内容，例如,诺亚（第二条）携带着武器登上了方舟（可随身携带武器的权利）等。

---

[1] 这位古罗马暴君十分擅长演奏小提琴，在罗马发生火灾烧了一个礼拜期间，据说他一直在演奏小提琴。

此外，你还可以在先前想象的画面中加入其他的动作或词语。例如，第一条条款的内容还包括"公民具有和平集会以及向政府请愿的权利"。所以如果你也想记住这些内容，就可以在原来的画面中加入"集会"（assembly）和"宠物＋痒"（pet itching，表示"请愿petition"）的词语。

在《记忆创造财富》一书中，我介绍了律师们是如何记忆先前案例的，也讨论了律师在审判过程中记住这些案例的重要性。然后我意识到法律专业学生也需如此才能顺利通过学校考试，等到日后走向工作岗位成为一名律师后，他们也需要学习同样的记忆技巧，记住平时审判过的案例。

如果你是个法律专业的学生，你不但需要记住审判过的案例，还需要背诵法律法规，记住它们是第几章第几条。下面来看几个例子，纽约一位审判律师告诉我在刑法里面，有关破坏公共秩序的行为规定属于第20章的第240条法规。怎么来记忆呢？就可以将任何代表数字240和20的词语，例如"靠近鼻子"（nears nose）、"尼禄的鼻子"（Nero's nose）或者"护士很好"（nurse nice）与"破坏公共秩序"联系起来，比方说你就可以想象一位平时表现很好的护士忽然破坏了公共秩序。

再看另外一个例子。二级谋杀的有关规定属于刑法第25章的第125条法规。记忆时就可以这样想象，有人用一个巨大的脚指甲（toenail表示125）谋杀了一位灰白胡子的老人（诺亚，代表数字2），被判属于二级谋杀，而只要"指甲"一个词就足够让你想起来整幅画面了。也许你还想在考试中写下这条法规在教材中的具体页码，以使教授印象深刻，这也容易得很，这条法规在书上的第396页，只要在想象的画面中加入"埋伏，伏击地点"（ambush，表示396）的形象或者动作就可以了。

同样的方法还可以应用于记忆先前审判过的案例。有一个著名案例，发生在一个叫约翰森（Johnson）和一个叫卢兹（Lutz）的人之间，这是一个有关将商业行为纪录作为法庭证据的案例。记忆时，你可以想象一个叫约翰（John）的巨人和他的儿子（son）在一次商业会议上将一盘巨大的磁带（record，也有"纪录"的意思）做成了签（lots，发音类似于 Lutz）让大家抽，他们后来来到了帝国大厦（代表纽约）顶端吃晚饭（dinner，代表数字124，表示第124页），看到一只刚出生的小羊羔（newlamb 代表数字253，表示第253条），它的晚饭是一只老鼠（代表数字30，表示此事发生在1930年）。这幅画面就告诉了你关于这个"约翰森和卢兹"案例中你需要记忆的所有信息。

每次在记忆不同案例的时候，你没有必要非得按照一定的顺序去组织信息。因为我敢保证这之后你自然就知道画面中每个事物或每个动作分别代表着什么信息。

看这样一个案例。这是1966年发生在米兰达（Miranda）和阿里森纳（Arizona）之间的著名案件，从此一条新法规得以确定，即任何被逮捕的犯罪嫌疑人都有权了解自己的合法权益，任何在犯罪嫌疑人对自身合法权益不知情的情况下获取的信息都不能作为法庭证据。假设你已经熟悉了这些内容，只是需要一些词语提醒你想起来。"阳台"（Veranda）就可以让你想起"米兰达"（Miranda），因为二者发音相似，或者你可以想象在阳台上有一面镜子（mirror+veranda 发音类似于 Miranda），"空气＋地带"（air zone）就可以让你想起"阿里森纳"（Arizona）。记忆时你可以想象自己在空气中飘浮，飘浮在阳台上方，同时你还在一辆巨大的火车或一位法官（choo-choo 或者 judge，代表数字66）面前为某案件辩护。你还可以想象一个身穿囚衣的罪犯被法庭释放，因为他本应该对自身合法权益有知情权，他释放后就在空中飘浮着。

下面来看看在一次法律考试中出现的一道题："1962年，一个人被指控犯罪，在他被告知自己有保持沉默的权利之前，他向警察提供的供词是否可以作为呈堂证供？"如果你已经记住了"米兰达—阿里森纳"

案件，那么你就知道相关法律法规是在 1966 年这件案子发生之后才建立起来的，那么这个问题的答案就是肯定的，也就是说 1962 年时他的证词还是有效的。

还有另外一个标志性的案例。审讯法官在法庭上引用这个案例时会这样陈述："玛贝瑞（Marbury）和麦迪森（Madison）案，第 137 章第 1807 条"。怎样把这些信息都记住呢？首先应该将下列词语链接起来记忆："妈妈＋莓果"（ma berry）"生儿子的气"（mad at son）或"药品"（medicine）"领带""咀嚼"（crunch）或"牧场"（ranch）"原子的"（atomic，表示数字 137，在第 137 页）以及"鸽子＋总数"（dove sum，表示 1803 年）。而且你在一瞬间就可以将这些词语想象成一幅画面。

正如我先前提到的那样，本书中教授的记忆技巧不仅会让你的学习变轻松，帮助你顺利通过考试，取得好成绩，还会影响你毕生的记忆习惯，受益终生，我可以帮你抢先一步获得成功。例如，在《记忆创造财富》一书中，我曾经这样写道：

海洛德是纽约市最著名的审判律师之一，曾经为众多社会名流辩护。在他看来，在审判罪犯的过程当中，陪审团做出的选择很重要，也很关键。在《纽约法律周报》上面发表的一篇文章中，他绘出一个列表，其中包括律师应该了解的基本常识，必备的专业知识和注意事项。他谈到了其中的一些具体内容："为了取得良好的辩护效果，律师应当避免使用笔记，随身携带笔记只能使人分心。一位优秀的辩护律师应当随时与陪审团的成员有很好的眼神交流。"随后他推荐了应用链接记忆法去记忆法律法规，而且他自己也正在使用这种记忆法。

所以你看，我们学习的这些记忆方法不仅对于在校期间的学习很重要，还会成为日后你的工作或商业生涯中必不可少的一部分。

17 图表的记忆
——记住地图和元素周期表

如果你可以轻而易举地记住地图上各个地点的名称和具体位置的话，我想你的地理成绩一定会上一个新台阶。那么各种图表中的信息呢？你能记住吗？当然可以了！而且如果你能记住地图上各个地点的位置的话，再记忆地点的名称或其他有关信息时就容易多了。我想教你一种记忆技巧，不，其实是一种记忆策略，而且是一种让我引以为傲并能获得乐趣的记忆策略，这就是"图表记忆"策略。早在上个世纪五十年代我就开始使用了，当时是为了帮助一个邮递员记住城市街道的位置和邮政编码而发明的。最近一个学生问我怎样才能记住美国五十个州的地理位置，我教他应用了这个策略，效果自然是立竿见影（本章中我还会教你这种记忆策略的另一种应用）。

那么到底怎样记住这五十个州的地理位置呢？你可以用6至9条链接将它们链接起来记忆。任何一个州都可以作为链接的起点，链接可以从西到东，也可以由北往南，反过来也可以。例如，如果由西向东，链接可以从<u>阿拉斯加州</u>（Alaska）开始，到<u>华盛顿</u>（用词语"洗washing"来代替），再到<u>俄勒冈州</u>（"桨+走"oar gone），然后到<u>加利福尼亚州</u>（"叫一只幼鹿"call a fawn），最后到<u>夏威夷州</u>（"你好吗？"how are ya'）。下一条链接可以从<u>蒙大拿州</u>（"山脉+安娜"mountain Anna）开始，向南一直到<u>新墨西哥州</u>（可用"新的墨西哥帽"作为代替词语）。这种记忆法肯定会帮你轻松地记住五十个州的地理位置。

不过"图表记忆法"则是一种更好的记忆法，它可以用来记忆任何图表或表格的信息。那么到底如何操作呢？首先请看下面这个表格。

表格中，我根据自己喜欢的记忆方式，将所有州分成了九部分，当然了，你也可以按照自己的方式来进行分类。这九部分分别是：西北部（A1）、西部（B1）、西南部（C1）、中北部（A2）、中部（B2）、中南部（C2）、东北部（A3）、东部（B3）以及东南部（C3）。你需要做的就是在脑海中为每一部分建立一个虚拟的"文件夹"，然后将每个区域内的州名"储存"在对应的"文件夹"中，这样你总共需要建立九个"文件夹"，然后再为每个区域找一个固定的词语来代表。对于你来说，记住这些词语很简单，因为你已经学会了语音数字与字母表，每个词语的开头字母即文件夹名称中的字母，末尾字母则代表文件夹名称中的数字。这格词语就是每个文件夹的名称。

	1	2	3
A	Alaska阿拉斯加州 Washington华盛顿州 Oregon俄勒冈州 Montana 蒙大拿州 Idaho爱达荷州 Wyoming怀俄明州	No. Dakota北达科他州 So. Dakota南达科他州 Minnesota明尼苏达州 Wisconsin威斯康星州 Michigan密歇根州 Indiana印第安纳州	Maine缅因州 Massachusetts马萨诸塞州 New Hampshire新罕布什尔州 Connecticut康涅狄格州 Vermont佛蒙特州 Rhode Island罗得岛州 New York纽约 Pennsylvania宾夕法尼亚州 New Jersey新泽西州
B	California加利福尼亚州 Utah犹他州 Nevada内华达州 Colorado 科罗拉多州	Nebraska内布拉斯加州 Missouri密苏里州 Kansas堪萨斯州 Illinois伊利诺伊州 Iowa艾奥瓦州	Maryland马里兰州 Virginia弗吉尼亚州 Delaware特拉华州 Kentucky肯塔基州 Ohio俄亥俄州 Tennessee田纳西州 West Virginia西弗吉尼亚州 No. Carolina北卡罗来纳州

	1	2	3
C	California加利福尼亚州 New Mexico新墨西哥州 Arizona亚利桑那州 Hawaii夏威夷州	Texas得克萨斯州 Arkansas阿肯色州 Oklahoma俄克拉荷马州 Louisiana路易斯安那州	So. Carolina南卡罗来纳州 Alabama亚拉巴马州 Mississippi密西西比州 Georgia佐治亚州 Florida佛罗里达州

例如,"A1"对应的词语是"吃"(ate)。那么这个词只能对应A1吗？我们来看看。它的开头是A，第二个也是最后一个辅音字母是T，而T只能代表1，所以"吃"这个词语只能代表A1，没有其他的选择。那么A2对应的词语呢？开头应该是A，另外一个辅音字母必须是N，因为N代表2,所以我选择了词语"遮阳蓬"(awn)。A3对应的词语是"目标"(aim)，这个词以A为开头，另外一个辅音字母是M，代表3。其他区域的"文件夹"名称分别是：

B1= 球拍（bat） C1= 猫（cat）

B2= 豆子（bean） C2= 罐头（can）

B3= 炸弹（bomb） C3= 梳子（comb）

将这些词语复习个两三遍你肯定就能记住了。不过一些词语可能与你现在正在使用的一些固定词语是重复的，这些都没有关系，因为它们都是单独分开使用的，这里的词语只是针对这个表格来使用，所以不会混淆，你真正用起来后也会发现的确如此。当然，你也可以使用其他词语来代替，只要符合我更改或设定的格式即可。

记住这些词语后接下来该怎么办呢？它们使用起来也很简单，将文件夹A1中包括的所有州名都与"吃"这个词联系起来就可以了。这里介绍两种方法。第一种方法是将所有代替州名的词语都与代表文件夹的词语用一条链接联系起来。例如，从代表 A1 的词语"吃"开始，将它与"阿拉斯加州"（Alaska）、"华盛顿州"（Washington）、"俄勒冈州"（Oregon）、"蒙大拿州"（Montana）、"爱达荷州"（Idaho）与"怀俄明州"（Wyoming）这些词语形成一条链接；或者你也可以将"吃"这个词分别与阿拉斯加州、华盛顿州、俄勒冈州、蒙大拿州等等这些词语联系起来。你可以将两种方法都试一试，然后再选择适合自己的方法。以此类推，记忆文件夹 B1 的内容时，就可以先将"球拍"这个词先与"加利福尼亚州"（California）联系起来，然后再将这条链接继续下去，把其他州也包括进去，或者你也可以将"球拍"与每一个州的名称分别联系起来，每个文件夹的内容都可以采用同样的方法记忆。最后你会发现自己不仅记住了所有的州名，还记住了它们的地理位置。

例如你想回忆起中南部有哪些州，就可以想象一下我们上面列出的表格，就知道中南部的文件夹名称是 C2，这样你就会想起来"罐头"这个词，然后根据链接就可以知道中南部所有的州名了。

或者你需要回想起内布拉斯加州具体在哪个区域。记忆时可以用词组"新的黄铜车"（new brass car）来代替"内布拉斯加州"（Nebraska），因为二者发音相似，然后将这个词组与"豆子"一词联系起来（可以想象一辆崭新的黄铜小汽车内装满了豆子），这样你就能想起内布拉斯加州在文件夹 B2 中了，而这就等于告诉了你内布拉斯加州是中部地区的一个州。

看看下面这幅画面能让你想起什么。想象你在暴风雨（这是我想象"北方"的固定词语，因为北方很冷，总让我很容易想到暴风雨）中随身携带（carry）着前线上的（line）炸弹（bombs，代表 B3）在行走。而"携带+前线"（carry line）的发音类似于"卡罗来纳州"（Carolina），这样就能提醒你北卡罗来纳州是东部地区的一个州。当然了，你也可以找其他词语固定地代表"北方"，不一定是暴风雨。例如，"北方"（north）的缩写形式是"no"（不），这样你就可以用摇头这个动作来代表"北方"，也可以用"蛾子"(moth),因为这个词听起来像"北方"(north)。

记住,你可以采取任何一种方式记住所有州的名称和位置,也可以采用任何一种方式将它们链接起来,只要这些方式适合自己就可以。如果你需要更加精确地说出这些州的位置,可以将上面的表格改成 4×4 的格式,也就是说,横行加上一个"4",竖列加上一个"D"(你马上就会看到表格被扩大后的效果)。同样道理,你也可以把表格缩小到只含有四个"文件夹"(A1,A2,B1,B2),扩大还是缩小都取决于你自己。在上面这个表格中,我在两个文件夹中都加入了"加利福尼亚州",因为这样我就可以想起加利福尼亚州面积很大,横跨西部和西南部。

通过上面这个例子,你可以发现这种表格记忆法适合于记忆任何国家或地区,它让你可以自由展开联想,充分进行想象。多加练习后你就会发现表格记忆法的用处和魅力所在。

所以要想记住各个州的首府名称也不是一件很难的事情,只要将每个州的代替词语与该州首府名称的代替词语链接起来就可以了。例如,你将已经混合 (mix) 在一起的食物再次 (again) 加工做成了混合物,这时天上一些其他食物边唱歌 (sing) 边从空中降落 (land) 下来,掉进了混合物中。"混合 + 再次"(mix again) 的发音类似于"密歇根州"(Michigan),而"降落 + 唱歌"(land sing) 可以提醒你想起密歇根州首府是兰辛市 (Lansing)。

你可以用这种方法去记忆地球上任何一个国家的地理位置和首府名称。例如,如果你想象一只袋鼠(可以让你想起澳大利亚)正在吃樱桃罐头 (a can of berries),你就会想起堪培拉 (Canberra) 是澳大利亚的首都。再举一个看起来有些难度的例子,洪都拉斯 (Honduras) 的首都是特古西加尔巴(Tegucigalpa)。许多词组例如"下面 + 驴"(under ass),"手 + 束缚"(hand duress),"递一件连衣裙(给某人)"(hand a dress),或者一辆"本田车"(Honda car) 都会让你想起洪都拉斯,然后再将其中的一个词组与"带你去见一个吃饭狼吞虎咽的人"（take you to see gulper，发音类似于Tegucigalpa）这句话联系起来，这样你就可以想象自己递给某人一件连衣裙，并对他说："快穿上，带你去见一个吃饭狼吞虎咽的人！"你看，这样就可以记住，一点都不难了。

你想记住任意一个国家的河流名称吗？首先，你应该为这些河流的名称找好代替词语，然后按照可以提醒你想起其地理位置的顺序将它们链接起来，这样就可以了。你甚至还可以在其中加入它们流经的城市名称，可以以河流的名称作为每一条链接的开始，然后与其他的河流和城市名称链接起来。

如果你想按照面积大小来记住七大洲，这也不难。它们按照面积从大到小的顺序分别是：亚洲、非洲、北美洲、南美洲、南极洲、欧洲和大洋洲。记忆时可以将以下词语或词组按照顺序链接起来："一把椅子"（a chair，表示"亚洲Asia"）+ "一辆免费的汽车"（a free car，表示"非洲Africa"）+ "风暴中一辆快乐的汽车"（a merry car的发音类似于"美洲America"；风暴代表北方；或者也可以想象成风暴中的一面美国国旗）+ "另一辆长着一张大嘴的快乐的汽车"（mouth，发音类似于"南方south"；表示南美洲）+ "一只蚂蚁正在一辆汽车中制作艺术品"（ant art car，发音类似于"南极洲Antarctica"）+ "你+绳子"（you rope，发音类似于"欧洲Europe"）。尽情地展开想象吧，相信你一定能行！

下面我们要讲的这个话题与上面的内容就不大一样了。我们前面讲过了怎样记忆美国的州、国家的名称、地图、河流……现在我们要讲的是化学知识。后面的章节中我们还会谈到怎样记忆化学中很难记忆的知识点。本章我们先来看看怎样利用表格记忆法记忆化学中最难记忆的元素周期表。很多学生曾经告诉我上中学、大学、研究生期间都需要记忆和应用元素周期表，但在不停地记忆的同时，也在不停地遗忘。不过如果你使用表格记忆法去记忆就不难了。首先你要做的就是将你化学课本上的元素周期表与下面这个表进行一下对比。

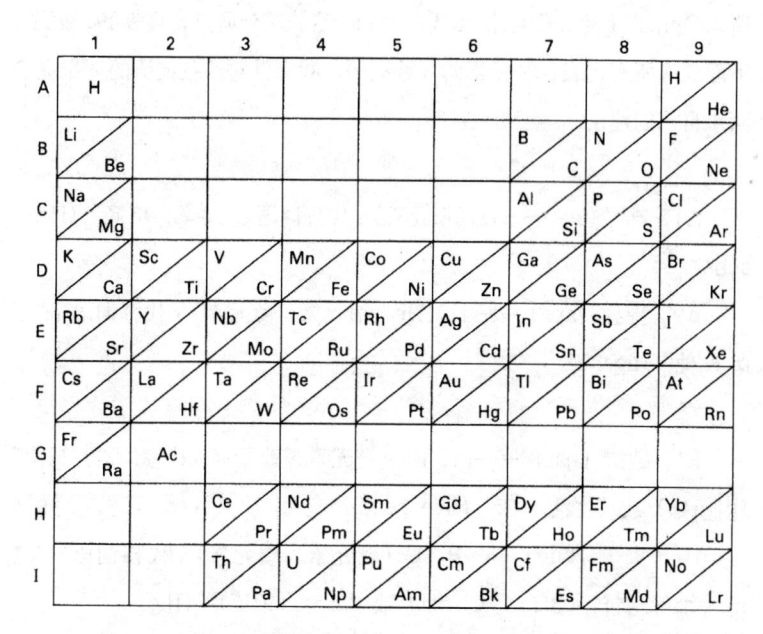

	1	2	3	4	5	6	7	8	9
A	H								H / He
B	Li / Be						B / C	N / O	F / Ne
C	Na / Mg						Al / Si	P / S	Cl / Ar
D	K / Ca	Sc / Ti	V / Cr	Mn / Fe	Co / Ni	Cu / Zn	Ga / Ge	As / Se	Br / Kr
E	Rb / Sr	Y / Zr	Nb / Mo	Tc / Ru	Rh / Pd	Ag / Cd	In / Sn	Sb / Te	I / Xe
F	Cs / Ba	La / Hf	Ta / W	Re / Os	Ir / Pt	Au / Hg	Tl / Pb	Bi / Po	At / Rn
G	Fr / Ra	Ac							
H			Ce / Pr	Nd / Pm	Sm / Eu	Gd / Tb	Dy / Ho	Er / Tm	Yb / Lu
I			Th / Pa	U / Np	Pu / Am	Cm / Bk	Cf / Es	Fm / Md	No / Lr

你会发现我将原来的表格进行了压缩,除了 A1 和 G2 两个"文件夹"里面是一个元素以外,我在每一个文件夹中都放入了两个元素。如果以后你需要将教材上的元素周期表画出来的话,就必须把上面这个表中每一个文件夹里面的两个元素分为"左右"两列。

你当然也可以把每一行或每一列中的元素链接起来记忆,找到代替词语,然后想象画面来帮助你记忆这些元素符号。不过迄今为止,表格记忆法才是我发现的记忆起来最轻松的办法。由于现在你已经知道从 A1 到 A3,从 B1 到 B3,从 C1 到 C3 的代替词语了,我会把其他文件夹的代替词语也给你列出来,看个两三遍,你就可以记住了,不久后你就会做到过目不忘,甚至想忘都忘不了!

下面的大多数词语都以辅音结尾,但是也有一两个特例,例如,E3 的代替词语"皇帝"(emperor)就以元音结尾。不过没关系,这个单词开头的两个字母才是我们最关心的,所以只要忽略后面的辅音就可以了。另一个例外是I9,由于我们很清楚这里的表格中根本用不到字母Y,所以"yipe"(表示恐惧,沮丧或惊讶的声音)这个词只会代表I9。好了,下面就是所有代表各种元素的代替词语,我会针对这些词语的记忆提一两个自己的建议。

A1,吃(ate)——H.(氢元素);代替词语:"发痒/疼痛"(itch/ache)

A9,猩猩(ape)——H, He(氢元素,氦元素);代替词语:"年龄+他"(agehe)

B1,蝙蝠(bat)——Li, Be(锂元素,铍元素);代替词语:"自由"(liberty)或"生活+床"(live bed)

B7,虫子(bug)——B, C(硼元素,碳元素);代替词语:"之前+耶稣基督"(Before Christ)或"比克(钢笔)"(Bic)

B8,打击(buff)——N,O(氮元素,氧元素);代替词语:"不"(no)

B9,婴儿(baby)——F, Ne(氟元素,氖元素);代替词语:"好的"(fine);或者"一半+膝盖"(half knee);或者是"屁股"(fanny)

C1,猫(cat)——Na,Mg(钠元素,镁元素);代替词语:"不但如此"(nay)、"有柄的大杯子"(mug)

C7,可乐(coke)——Al, Si(铝元素,硅元素);代替词语:"艾尔"(Al),法语中的"是"(si)

C8,洞穴(cave)——P,S(磷元素,硫元素);代替词语:"书的附录"(PS,即postscript)、"姿势"(pose)

C9,帽子(cap)——Cl, Ar(氯元素,氩元素);代替词语:"清楚的"(clear)、"克拉尔"(Clara)

D1，点（dot）——K，Ca（钾元素，钙元素）；代替词语："甘蔗+洞穴"(cane cave) 或者"甘蔗+蛋糕"(cane cake)

D2，兽穴（den）——Sc，Ti（钪元素，钛元素）；代替词语："走开+眼睛"(scat eye) 或"原文如此+总产量"(sic Ty)

D3，堤坝（dam）——V，Cr（钒元素，铬元素）；代替词语："录像机"(VCR) 或"教区牧师"(vicar)

D4，小鹿（deer）——Mn，Fe（锰元素，铁元素）；代替词语："人+酬金"(man fee)；或者"我的刀子"(my knife)

D5，洋娃娃（doll）——Co，Ni（钴元素，镍元素）；代替词语："寒冷的夜晚"(cold night) 或康尼岛[1]（Coney Island）

D6，猛撞（dash）——Cu，Zn（铜元素，锌元素）；代替词语："堂/表兄弟姐妹"(cousin)；或"暗示+区域"(cue zone)

D7，狗（dog）——Ga，Ge（镓元素，锗元素）；代替词语："抵押品"(gage)、"乔治亚"(Georgia) 或"（表惊讶，赞赏等）哇"(gee)

D8，跳水（dive）——As，Se（砷元素，硒元素）；代替词语："资产"(asset) 或"驴+看到"(ass see)

D9，浓液，涂料（dope）——Br，Kr（溴元素，氪元素）；代替词语："经纪人"(broker)

E1，漩涡（eddy）——Rb，Sr（铷元素，锶元素）；代替词语："肋骨痛处"(rib sore) 或者"袍子+先生"(robe sir)

E2，进入（enter）——Y，Zr（钇元素，锆元素）；代替词语："葡萄酒+零"(wine zero) 或者"是，长官"(yezzir, 即 yessir)

E3，皇帝（emperor）——Nb，Mo（铌元素，钼元素）；代替词语："抓住莫尔"(nab Moe)

---

[1] 康尼岛地处纽约布鲁克林区南端，是美国最早的大型游乐城。

E4，错误（err）——Tc，Ru（锝元素，钌元素）；代替词语："大头钉+露丝"(tack Ruth)或"抽筋+粗暴的"(tic rude)

E5，鳗鱼（eel）——Rh，Pd（铑元素，钯元素）；代替词语："血+公安部"（blood police department）或"已付的"（paid）或"红色+热的+平板显示器"（red hot PD）

E6，边缘（edge）——Ag，Cd（银元素，镉元素）；代替词语："年龄+鳕鱼／下流的人"（age cod/cad）或者是"存款单"（certificate of deposit）

E7，鸡蛋（egg）——In，Sn（铟元素，锡元素）；代替词语："在太阳底下"（in sun）或"精神错乱的"（insane）

E8，前夜，前夕（eve）——Sb，Te（锑元素，碲元素）；代替词语："潜水艇+茶水"（sub tea）或者是"队伍"（team）

E9，落潮，退潮（ebb）——I，Xe（碘元素，氙元素）；代替词语："眼睛"（eye）或者是"我"（I）+"静电复印机"（Xerox）

F1，肥胖的（fat）——Cs，Ba（铯元素，钡元素）；代替词语："北非的城堡"（Casbah）

F2，有趣的（fun）——La，Hf（镧元素，铪元素）；代替词语："笑"lauhf（gh）或者"躺下+一半／高保真音频"（lay half/hi-fi）

F3，泡沫（foam）——Ta，W（钽元素，钨元素）；代替词语："台湾"（Taiwan）、"黄褐色的"（tawny）或者是"谢谢+滑铁卢"（ta-ta Waterloo）

F4，皮毛（fur）——Re，Os（铼元素，锇元素）；代替词语："雷诺市"（Renos）或"回复：奥斯卡"（re：Oscar）

F5，箔，金属箔片（foil）——Ir，Pt（铱元素，铂元素）；代替词语："铁锅"（iron pot）或者"使厌倦+果核"（irk pit）

F6，鱼（fish）——Au，Hg（金元素，汞元素）；代替词语："嘿

+你+丑老太婆／猪"(hey you hag/hog)或"秋天+猪"(autumn hog)

F7，假冒伪劣(fake)——Tl，Pb（铊元素，铅元素）；代替词语："高高的酒吧"(tall pub)

F8，横笛(fife)——Bi，Po（铋元素，钋元素）；代替词语："双极"(bipole)或"大的+极地"(big pole)

F9，无伤大雅的谎言(fib)——At，Rn（砹元素，氡元素）；代替词语："一辆火车"(a train)、"一个转身"(a turn)、"在+注册了的+护士"(at Registered Nurse)或"一个+茶+跑"(a tea run)

G1，手枪(gat)——Fr，Ra（钫元素，镭元素）；代替词语："火+射线"(fire ray)或"毛皮的+老鼠"(furry rat)

G2，长袍(gown)——AC（锕元素）；代替词语："发球得分"(ace)或"行动"(act)或"交流电"(AC current)

H3，火腿(ham)——Ce，Pr（铈元素，镨元素）；代替词语："冰+弹簧"(ice prongs)或者是"一分硬币+每"(cent per)

H4，野兔(hare)——Nd，Pm（钕元素，钷元素）；代替词语："点头+诗歌"(nod poem)、"点头+下午"(nod PM)或"裸体的派姆"(nude Pam)

H5，小山，丘陵(hill)——Sm，Eu（钐元素，铕元素）；代替词语："小母羊"(small ewe)或"一些颂词"(some eulogy)或"萨姆+欧洲"(Sam Europe)

H6，切细，搞糟(hash)——Gd，Tb（钆元素，铽元素）；代替词语："好+衣襟"(good Tab)或"上帝+结核病"(God TB)

H7，猪(hog)——Dy，Ho（镝元素，钬元素）；代替词语："染料+洞"(dye hole)或者是"主任+葡萄酒+家"(dean wine home)

H8，蜂房（hive）——Er，Tm（铒元素，铥元素）；代替词语："错误+队伍"（error team）或者"耳朵+时间"（ear time）

H9，跳跃（hop）——Yb，Lu（镱元素，镥元素）；代替词语："葡萄酒+蓝色"（wine blue）或者是"你+打赌+露西"（you bet Lucy）

I3，我是（I'm）——Th，Pa（钍元素，镤元素）；代替词语："爸爸"（the Pa）

I4，激怒（ire）——U，Np（铀元素，镎元素）；代替词语："联合国+豌豆"（UN pea）或者是"你+绒毛"（you nap）

I5，生病的（ill）——Pu，Am（钚元素，镅元素）；代替词语："靠背长凳+上午"（pew AM）或者是"庇佑+早晨"（peeyoo in the morning）

I6，痒（itch）——Cm，Bk（锔元素，锫元素）；代替词语："回来"（come back）

I7，粘人的,讨厌的（icky）——Cf,Es（锎元素,锿元素）；代替词语："咖啡馆+浓缩咖啡"（café espresso）或者"咖啡馆"（cafés）

I8，常春藤（ivy）——Fm，Md（镄元素，钔元素）；代替词语："调频+医生"（FM doctor）、"著名的医生"（famous doctor）或者是"名声+疯狂的"（fame mad）

I9，表示恐惧，惊讶，沮丧的声音（yipe）——No，Lr（锘元素，铹元素）；代替词语："没有窝穴"（no lair）或"没有骗子"（no liar）

只要将这些词语多看几遍你就可以记住了，完全没有问题。我列出的词语都是第一时间浮现在我脑海中的，它们的发音没有必要与元素名称十分接近，只要能提醒你想起元素名称就行。当然，你也可以在想象的画面中加入更多的表示字母的词语。例如，记忆 H5（Sm，Eu）时，可以想象沿着 S 形曲线一个衣服的摺边（m）正在驾驶着一辆车冲上了山顶；一条鳗鱼（E）和一只母羊（u）正在缝补着衣服的摺边。山顶上正在进行着一场葬礼，大家不停地朗诵着悼念死者的颂词，这使你禁不住想起"一些颂词……"这就包含了所有需要记忆的信息。将词语组合"水面上＋真见鬼"（Aw heck）与"鱼"（F6）这个词语联系起来，就可以提醒你金元素（Au）和汞元素（Hg）属于其中。

要想记住其他的元素也很简单。例如，一个肥胖的人（fat，Fé1）正在北非城堡（Casbah，Cs/Ba）中散步；一只狗（dog，D7）到达了佐治亚说："天啊，佐治亚！"（Georgia，gee!Ga/Ge）；你走进一些咖啡馆中（cafes，Cf/Es），这些咖啡馆的地面都很有黏性（icky，I7）。这些画面都可以提醒你想起相关元素的信息。如果你知道元素单词的全拼而且想记住的话，就可以为全拼找一个对应的代替词然后加以联想记忆。

如果你已经将这些词语进行了联想，并在脑海中进行了复习，现在可以列出一个 9×9 的表格（或者在大脑中勾勒出一幅草图），然后为每一个"文件夹"的名称都找到代替词语。这样一来，当你想到 E5（代替词语是鳗鱼）时，就会想到其中所含的铑元素和钯元素。D5 的代替词语"洋娃娃"就会提醒你这个文件夹中含有钴元素和镍元素，就在铑元素和钯元素的前面。如果你觉得没有必要记住 H 和 I 两行的元素，就可以将它们直接省略掉，这样你的表格就只包括从 A1 到 G2 这些文件夹了。虽然我只是列出了其中一部分的代替词语，但你也看到了，其实找代替词语是很容易的事情，你需要的时候就能很快地想出来。

也许你不想让第一列和第九列的表格中出现两个元素，这样你就可以将表格扩大为十列或十一列（甚至更多），而且还可以根据自己的需要随意地更改格式。如果你需要代表从 A1 到 A11，B1 到 B11……一直到 I1 和 I11 的词语，就可以根据上面介绍的规则自己寻找代替词。例如，用含有 S 音（代表数字 0）的词语来表示第十列，"ace"（优秀飞行员）代表 A10，"base"（基地）代表 B10 等等。而 A11 则可以用"added"（附加的，额外的）这个词；"baited"（上钩了的）一词代表 B11；"coated"（涂有包层的）或者"cadet"（军校学生）代表 C11；"dated"（陈旧的）代表 D11；"edit"（编辑，校订）代表 E11；"feted"（盛款招待的）或者是"faded"（褪色的）代表 F11；"hated"（厌恶的）代表 H11；"I did"（我做了）或者是"I died"（我失去了生命）代表 I11。

经过我研究发现，学生们利用这个记忆法在半个小时内就能将元素周期表全部记住！而且在先前的联想和画面中，你还可以加入任何需要记忆的信息。例如钇元素（Y）和锆元素（Zr）的原子量分别是 39 和 40，只要在有关文件夹 E2 的画面中加入"擦洗者"(moppers) 这个词语，你就可以记住对应的原子量是多少。其实，每一个文件夹虽然有两个元素，但只加入一个代替数字的词语就够了，因为元素的原子量都是递增的。所以 E2 的两种元素中，你只需要记住钇元素的原子量是 39，那么锆元素的原子量自然就是 40 了。

好好地学习、理解并应用表格记忆法吧！它会成为你与遗忘做斗争的最强有力的武器之一！

18 音乐的记忆
——记住音符、和弦、作曲家及其代表作

音乐老师们都有这样一个口头禅，叫作"死记硬背记音符"。这就显示出了记忆音符的过程是多么地无聊透顶，同时这也就导致许多学生放弃了音乐，因为刚开始学习音乐的基础知识都这么无趣，也就没有坚持学下去的勇气了。我对音乐虽说只是一知半解，但我可以来谈谈音乐知识的记忆问题，这些问题都是初学音乐的学生们告诉我的。我在前面已经提到过一些例子了，例如通过背诵"好男孩都乖"（Every Good Boy Does Fine.）这句话来记住高音谱号，除此以外，还可以通过记忆"FACE"（脸）这个词来记住五线谱中五根线之间的空间编号。同样的道理，学生们只要记住口诀"好男孩总是很乖"（Good Boys Do Fine Always）以及"所有汽车都需要加油"（All Cars Eat Gas）就可以快速地记住低音谱号[1]的五线谱。

学生们告诉我，初学者都要记住调号[2]这种最基础的内容，无论对于识谱还是了解音乐知识甚至演奏乐器来说都很重要。所以在学习乐理知识的时候，认识调号是不可或缺的步骤。下面我主要讲解怎样记住升记号（#），然后你可以利用同样的方法去记忆降记号（b）[3]。

---

[1] 五线谱前面必有的，表明其后的音符为低音的符号。
[2] 五线谱上写在每行左端用以表示乐曲所用调域的升降记号。
[3] 变音记号共有五种，其中升记号（#）表示将基本音级升高半音。降记号（b）表示将基本音级降低半音。

请先看一下下面的五线谱：

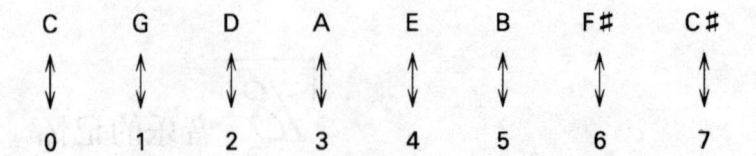

```
C    G    D    A    E    B    F#   C#
↕    ↕    ↕    ↕    ↕    ↕    ↕    ↕
0    1    2    3    4    5    6    7
```

在每一段音乐五线谱中，高音谱号后面的上方都会有一些升记号或者降记号，你所看到的升记号的数目标志着这段音乐的音调。在上面这个图表中，我们就能看出每一个主调都由几个升记号来表示（其实所有的记忆难题最后都只分为两部分，这就是一个很好的例子。在记忆这些升记号与音调时，你只需要记住两部分，那就是音调的名称以及表示该音调的升记号的数目就可以了）。

下面这个音符就是由三个升记号来表示的：

这样我们就知道了 A 大调的音符由三个升记号来表示。要想很快地记住类似的知识，你可以应用我们前面讲过的图表记忆法，这里同样可以适用，不过关键是寻找合适的代替词语。这个词语要以表示音调名称的字母开头，随后的辅音要能提醒你该音调升记号的数量。例如，"诅咒"（cuss，表示 C 大调，无升记号）、"内脏"（gut，表示 G 大调，1 个升记号）、"窝巢"（den，表示 D 大调，2 个升记号）、"目标"（aim，表示 A 大调，3 个升记号）、"错误"（err，表示 E 大调，4 个升记号）、"公牛"（bull，表示 B 大调，5 个升记号）、"奶油软糖"（fudge，表示 #F 大调）

和"厨师"(cook，表示#C大调)，这些词语就可以很好地表示出来音调名称与其升记号的数目[1]。而记忆时没有必要将这些词语链接起来，就好像记忆图表时不必将词语链接起来记忆一样，只要把所有词语多看几遍，你就会记住所有的音调调号了。例如，每当你看到五个升记号时（5对应着字母L），你就会马上想起以L音结尾的单词，即"公牛"(bull)，而这个词以字母B开头，那么这就表示五个升记号表示的是B大调。

再看一个例子。我们知道C大调的音阶[2]中的七个基本音符按照顺序分别是CDEFGAB。许多年前当我第一次听到时，我大脑中马上反应出"看聋哑人七嘴八舌地说话"(see the deaf gab)这句话来了，字母C让我联想起"看"这个词，反过来呢，"看"这个单词就会让我想起音符C，"聋的"(deaf)就会提醒我想起音符DEF，而"饶舌多嘴"(gab)自然就会让人联想起音符GAB了。虽然这句话是瞬间在我脑海中闪现的，可四十年过去了，我始终都没有忘记，当然了，你也可以做到。在第十三章中我们已经学习过了代表字母的固定词语，例如大海、院长、鳗鱼等等，应用这些词语就可以记住C大调音阶中的音符了。

当你刚开始学习音乐的时候，肯定觉得记住每个音符在钢琴键上的具体位置是件很困难的事情。我觉得也是，要不然就不会有下面这个流传甚广的口诀了。

"所有G与A
旁边三键都是黑；
两黑键，中间夹着D；

---

[1] 以C大调为基础，我们会得到7个大调：G大调、D大调、A大调、E大调、B大调、#F大调、#C大调。
[2] 音调的结构形态，侧重于就音列内部各音之间音程关系的规格来指称音列。

三黑键,左边是 B、C

右边还有 F 和 E。"

如果你再数一下音阶数目,这个问题就会变得更容易解决了。

请看下图:

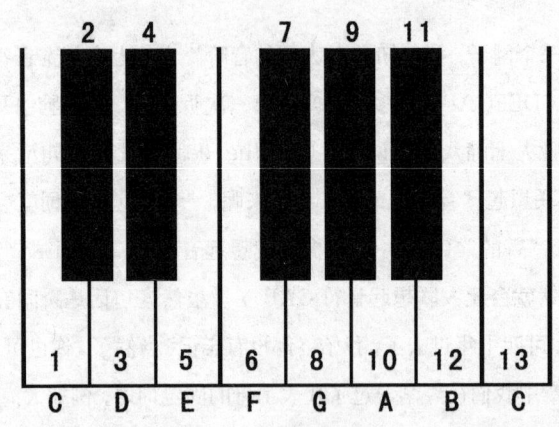

```
   2   4      7   9  11
 ┌─┬─┬─┬─┬─┬─┬─┬─┬─┬─┬─┬─┬─┐
 │ │█│ │█│ │ │█│ │█│ │█│ │ │
 │ │█│ │█│ │ │█│ │█│ │█│ │ │
 │ │█│ │█│ │ │█│ │█│ │█│ │ │
 │ 1 │ 3 │ 5 │ 6 │ 8 │10 │12 │13│
 │ C │ D │ E │ F │ G │ A │ B │ C│
 └───┴───┴───┴───┴───┴───┴───┴──┘
```

在这里,我不会用表示字母和数字的固定词语来表示音阶,因为我想将二者分开来应用。记忆时,只要将每一个代表白键上音阶的词语与表示数字的固定词语链接起来就可以了,这样一来你就可以记住哪些键对应着哪些音阶了,记起来也会很简单。你可以想象你的妈妈(3)正在对着一位学院的院长(D)拳打脚踢,这样你就知道音阶 D 是上图中所示的标号为 3 的那个白键。如果你想象出一只浑身长满了指甲(10)的猩猩(A),你就可以记住 A 是标号为 10 的白键,等等。按照这样的方法,你可以很快地记住所有白键代表的音阶。而一旦记住之后,这些数字就变得没有必要了,它们和你想象的这些荒谬画面都会慢慢褪出你的记忆。

除此之外,你还可以用这些数字来记忆和弦。例如,想要演奏 C 和弦的话就要同时按下 1,5,8 号键,只要想象一片巨大的茶树叶子(tea leaf,代表数字1,5,8)在海面上漂浮(sea,代表C),你就可以记住了。同样,只要你记住了音阶的准确位置,你就不再需要记忆标示的数字了,那样就会变得容易许多。例如,还是演奏C和弦,你只需要记住同时演奏CEG三个音阶就可以了,和弦F是FAC音阶,有些和弦还需要标注升记号(就在白键右边的黑键上)。这样你就可以想象一幅画面来提醒你还有升记号,"Sharp"(升记号,也有锐利的意思,所以可以想象成一把尖刀,或者是切割的动作)这个词就可以代表升记号。下面列出的是七个基本和弦音的记忆方法,后面是我建议使用的代替词语。

和弦C——CEG;只要想出"小桶"(keg)这个词就够了,或者将"海"与"鸡蛋"(egg)联系起来。

和弦D——DF#A;一位院长(D)手里握着半把(half,F)尖刀(#),与一只大猩猩(A)搏斗。

和弦E——EG#B;将"鳗鱼"(eel,表示E)+"牛仔裤"(jeans,表示G)+"尖刀"(#)+"豆子"(B)这些词语链接起来,或者,一个鸡蛋(egg)被豆子(B)切成了两半(#)。

和弦F——FAC;只要想象一半脸(face)或者一半的猩猩(A)去了海上(C)玩耍。

和弦G——GBD;想象出词组"再见,院长"(good-bye dean)或者是"一条牛仔裤(jeans)变坏(bad)了"的情景。

和弦A——AC#E;一只猩猩(A)跳进了满是尖刀的大海中去捉鳗鱼;或者一把带着尖刀的纸牌(ace)切开了一条鳗鱼。

和弦B——BD#F#;一张床(bed)被一把尖刀砍成了两半。

很多学生还告诉我记忆和弦顺序也很难。其实可以这样来记,既然你已经学会怎样对每一个和弦进行想象和联想了,你肯定也可以将任意数目的和弦链接起来,这样就可以记住和弦顺序了。

学习音乐史课程时,学生们还需要学习作曲家以及他们的主要作品和生活年代。"学习"这个词本身就是"记忆"的同义词。你只有将本书中的记忆法应用到日常学习中去,你才会明白要想比班里所有人都记得更快更好需要的是什么。假设你想记住莫扎特[1](Mozart)、萨列里[2](Salieri)、海顿[3](Haydn)和达蓬特[4](DePonte)等古典音乐时期的作曲家或剧作家,只要将"古典"(classic)一词的代替词语"班级"(class)作为链接的开头,然后将每一位作曲家姓名的代替词语都链接起来就可以了。这条链接就可以是这样:"班级"(class)+"莫的艺术"(Moe's art)+"出售+空气的／工资"(sale airy/salary)+"干草+洞穴／隐藏起来"(hay den/hiding)+"池塘/D+猛击+E"(the pond/D pound E)。另外,海顿曾经作为宫廷乐师,服务于尼古拉斯·埃司塔哈吉王子(Nikolaus Esterházy)。如果想要记住这条信息,可以将"干草+洞穴／隐藏起来"(hay den/hiding)、"印花布"(prints,发音与"王子prince"接近)、"镍或镍币+虱子"(nickels/nickle louse)以及"楼梯+模糊的"(stair hazy)这些词组链接起来记忆。

海顿曾经写过一支曲子叫作"惊愕交响曲"(surprise symphony)。记忆时你可以将这支曲子的代替词语与海顿的代替词语联系起来。也

---

[1] 沃尔夫冈·阿玛迪乌斯·莫扎特(1756~1791)奥地利作曲家,维也纳古典乐派的代表人物。
[2] 安东尼奥·萨列里(Antonio Salieri),生于威尼斯共和国列戈纳果,在维也纳逝世,意大利作曲家。
[3] 弗朗茨·约瑟夫·海顿,维也纳古典乐派的奠基人。1732年4月1日出生于奥地利南方靠近匈牙利边境风景秀丽的罗劳村。1809年5月1日逝世于维也纳。海顿是世界音乐史上影响巨大的重要作曲家,是维也纳古典乐派的第一位代表人物,也是一位颇具创造精神的作曲家。
[4] 达·蓬特,莫扎特歌剧《唐璜》的剧作家。

许会是这样一幅画面：你很惊奇地发现干草（hay）充满了你身体的洞穴（den）。罗西尼（Rossini）[1]谱过一首叫作"塞尔维亚理发师"（the barber of Seville）的曲子。你可以想象一枝玫瑰（rose，发音类似于罗西尼）正在让一位来自乡村（village，可提醒你想起 Seville）的理发师为她理发（或者只想象玫瑰和理发师就够了）。另外，《塞尔维亚理发师》是一首采用美声唱法（bel canto）的歌剧，所以在想象时，也可以将"钟"（bell）的形象加入其中。

威尔第（Verdi）[2]曾经创作过歌剧《法斯塔夫》（Falstaff）。记忆时可以想象你对着一根棍子（staff）问道："D 在哪里？"（Where D？）然后它就倒下了（fall）。柴可夫斯基[3]（Tchaikovsky）以其创作的芭蕾舞组曲《天鹅湖》（Swan Lake）和《睡美人》（Sleeping Beauty）而闻名。记忆时可以想象一头羞涩（shy）的奶牛（cow）站在滑雪板（ski）上，与许多天鹅（swan）在湖面上（lake）一起滑冰，然而最美丽（beautiful）的那只天鹅正在睡觉（sleeping），而如果你进一步想象这些天鹅都在湖面上跳芭蕾舞的话，还可以提醒你想起来这两支曲子都是芭蕾舞曲。也许你还想记住瓦格纳[4]（Wagner）曾创作过歌剧《罗恩戈林》（Lohengrin），那么你就可以将"摇摆+膝盖"（wag knee）或"四轮马车+啊"（wagon, ah）与"低+N+露齿笑"（low N grin）

---

[1] 乔阿基诺·安东尼奥·罗西尼（1792～1868年），意大利杰出的作曲家。一生作有大、小歌剧三十八部。其中《塞尔维亚的理发师》是十九世纪意大利喜剧的代表作。
[2] 居塞比·威尔第（Giuseppe Fortunino F.Verdi, 1813～1901），意大利伟大的歌剧作曲家。他使意大利歌剧放射了新的光芒。五十年代是他创作的高峰时期，写了《弄臣》《游吟诗人》《茶花女》《假面舞会》等七部歌剧，奠定了歌剧大师的地位。
[3] 彼得·伊里奇·柴可夫斯基（1840～1893），是俄罗斯浪漫乐派作曲家，也是俄国民族乐派的代表人物。其风格直接和间接地影响了很多后来者。
[4] 廉·理查德·瓦格纳（1813～1883），德国作曲家。他是德国歌剧史上一位举足轻重的人物。前面承接莫扎特、贝多芬的歌剧传统，后面开启了后浪漫主义歌剧作曲潮流，理查德·施特劳斯紧随其后。同时，因为他在政治、宗教方面思想的复杂性，成为欧洲音乐史上最具争议的人物。

两个词组联系起来，你还可以在画面中加入与"歌剧"（可以找一个固定词语表示）有关的词语或动作，以提醒你这是一部歌剧。瓦格纳的重要支持者是巴伐利亚国王路德维希二世[1]（King Ludwig of Bavaria）。如果想要记住这位国王，就可以将下列词语链接起来："王冠"（代表国王）+"领导+假发"（lead wig）+"软皮区域"（buff area）。如果你将"莫的艺术"（Moe's art）与"下面+哇+小货车+膝盖"（down gee van knee）用画面联系起来的话，你就可以永远地记住莫扎特曾经创作过歌剧《唐璜》（Don Giovanni）。而如果你想记住伦纳德·伯恩斯坦[2]（Leonard Bernstein）的代表作品之一是交响曲《焦虑年代》(Age of Anxiety)，那么你就可以想象有人正在用火烧（burn）一个啤酒杯（stein），这让你感到很焦虑，所以很快就变老了（age）。另外，你最好为"交响曲"（symphony）这个词找到一个固定的代替词，这样可以随时加入到画面中来提醒你曲子的种类。

如果你可以将"稻草+胜利+滑雪"（straw win ski，或"开车+滑雪 drive ski"）与"宠物+急忙+汽车"（pet rush car）联系成一幅画面的话，你就能很容易记住斯特拉文斯基[3]（Stravinsky）的作品《彼得鲁什卡》（Petrouchka）。而如果你还想记住他的另外两部作品《火鸟》（The Firebird）和《春之祭》（The Rite Of Spring）的话，

---

[1] 巴伐利亚国王路德维希二世一直是瓦格纳最重要的支持者和保护人，瓦格纳有多部作品是献给他的。而路德维希二世也是瓦格纳狂热的崇拜者，他以瓦格纳歌剧的内容为主题，修建了宫殿新天鹅堡。

[2] 伦纳德·伯恩斯坦是美国伟大的指挥家、作曲家、钢琴家和音乐教育家，是20世纪乐坛上一道最耀眼的彩虹。

[3] 戈尔·斯特拉文斯基，1882年6月17日生于俄罗斯彼得堡附近的奥拉宁堡（今罗蒙诺索夫），1971年4月6日逝世于美国纽约。这位对20世纪音乐创作产生巨大影响的作曲家一生中不仅数次改变自己的国籍（1934年成为法国公民，1945年加入美国国籍），从而成为一位真正的世界公民，在音乐创作风格上也经历了多次变化，从早期的现代主义和俄罗斯风格到中期的新古典主义，再到晚期的序列主义。主要代表作为早期三部舞剧音乐《火鸟》《彼得鲁什卡》《春之祭》。

你就可以将"火上的一只鸟"以及"取消春天"(write off spring)分别与"稻草+胜利+滑雪"(straw win ski)链接起来或者三者都链接在一起记忆。

再看个例子。勋伯格[1](Schoenberg)是一位曾经创作过《小提琴协奏曲》(concerto)的作曲家。记忆的时候,就可以想象有一把小提琴,其实是一个<u>罪犯</u>(con),它坐在一把<u>椅子</u>(chair)上,偷走了一座<u>闪亮的</u>(shiny)<u>冰山</u>(iceberg)。

来看最后一个例子。德彪西[2](Debussy)创作过著名的印象派杰作《大海》(La Mer)。记忆时可以想象字母 D 正<u>忙于</u>(busy)或者正在<u>指挥</u>(bossy)一头<u>美洲驼</u>(llama)(或者想象大海,如果你知道"La mer"在法语中就是"大海"的意思的话)。

其实使用这样的记忆方法可以记住音乐方面的任何难题。只要按照自己的需要,以自己喜欢的方式,应用到自己需要学习的知识中去,你就会越学越聪明,越记越牢固!

---

[1] 勋伯格(1874～1951),奥地利20世纪音乐作曲家、音乐理论家、教育家、画家、作家。他在音乐史上的重要性在于他开创了第二维也纳乐派、编写《和声学》(1911)、提出《十二音列理论》(1923),深远地影响了二十世纪音乐的后续发展。
[2] 德彪西,法国作曲家,音乐评论家,出生和逝世都在巴黎,大部分时间也工作在巴黎。他对新的和声学和印象派音乐结构的发展作出贡献。

19 公式的记忆
——数学、基础科学、化学、地理、原子量

许多与我交谈过的学生都告诉我他们最希望学习记忆数字的诀窍，这样就能更快更好地记忆数字，能记得越牢固越好。而且你可能也发现在你的学生生涯中学习过的几乎每一门科目都会要求记忆一些数字。当你还上小学的时候就已经开始学习记忆乘法口诀表了，这是记忆乘法规则的唯一方法，而且我敢肯定你现在依然还清晰地记得这个表格的内容。如果你那个时候就已经学会了应用语音数字与字母表的记忆法来记忆乘法口诀表的话，那么当时对你来说就会更容易了。而现在很多小学生就已经开始这样学习记忆了。应用这种方法的时候，你只需要在问题和答案之间建立起适当的必要链接就可以了。例如，一幅包括"袖口＋扎牢"（cuff lash）的画面就可以提醒你7乘以8是56。将"轮船"与"诱惑"联系起来，你就可以记住6乘以9得54，而将"屋顶"与"男人"（man）链接起来，就可以想起4乘以8是32。

不过很有可能你已经不需要再去记忆乘法口诀表了，但是你可以这样教你的弟弟妹妹们。而且你还可以将这种方法应用到很多其他的领域，但是在这里我不能一一列举，而且前面的章节中我已经介绍过一些了，下面会简单地举几个例子。

在数学和基础科学这两门课程中你会经常遇到公制计量法及其换算的问题。其实记忆起来很简单。假设你想记住一毫米（millimeter）等

于 0.03937 英寸,那么你就需要在"米莉"(Milly) 或者"磨坊 + 米"(mill meters) 与"总结 + 有柄的大杯子"(sum up mug) 之间建立起链接。如果你认为还需要加入一个词语提醒你想起"英寸"(inch) 的话,就可以将"英寸"的代替词语"尺蠖"(inchworm) 或者"捏,拧"(pinch) 加入到你想象的画面中去。同样,一英里 (mile) 等于 1.609 千米,你就可以将"笑容"(smile)、"润色"(touches up) 与"钥匙 + 低"(key low) 链接起来,这样就能记住了。

一英镑 (pound) 等于 453.6 克 (gram)。记忆时可以想象当一台留声机 (gramophone,或者用"奶奶 gramma"这个词)播放音乐的时候,你正在用力猛烈敲打着 (pound) 一根真正的火柴 (real match 代表数字 4536),你也可以舍零取整,只采用"滚筒"(roller) 一个词来代表数字 453。同样,一千米(kilometer)等于 0.6214 英里。记忆时就可以想象一个巨大的钥匙 (key) 被掰到很低的位置,比原来的位置要低了一米 (meter),就好像一位面带微笑 (smile) 的门警 (janitor,代表数字 6214) 向你鞠躬致敬一样。也许你已经发现了,我在介绍这些换算单位的记忆方法时并没有加入小数点的位置,因为我认为你不需要记忆,事先都会知道。当然了,为了使得记忆的信息更完全,更确切,你也可以为小数点(只要与"点"有关即可)找到一个固定的代替词语,最后在你想象的画面中把它加入到适当的位置上。

当你学习地理或者地球科学的时候,老师会要求你记住地球赤道处的直径 (diameter) 长度大约是 7927 英里。只要想象地球上有一个张着口的 (gaping) 大洞,成千上万个骰子 (dimes,可以提醒你想起 diameter) 从空中掉落其中,就可以记住了。

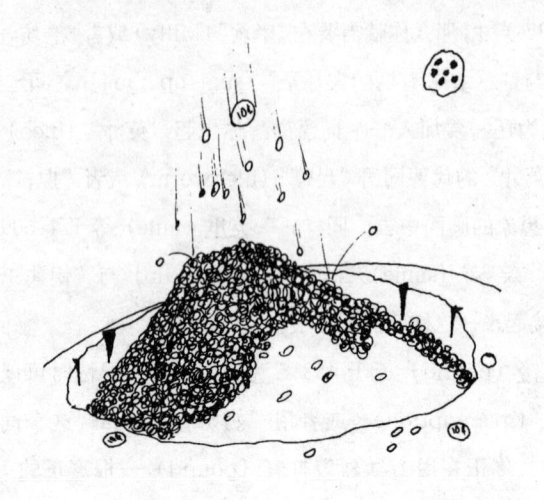

这就是你需要做的。另外，地球赤道处的周长（circumference）大约为 24902.45 英里。要想记住这个数字，你就可以想象在一个马戏团的会议上（circus conference，发音类似于 circumference），尼禄边在酒杯中下毒（poison）边在地上滚动（roll）着（几个词语代表的数字加在一起是 2490245），想到这儿就可以了。地球到太阳的距离大约是 9290 万英里。记忆时可以想象一位受欢迎的美女（pinup girl）正从地球飞向太阳去旅游（待会还会介绍怎样记忆其他行星的信息）。声音在空气中的传播速度是每小时 742 英里，记忆时可以想象一顶王冠（crown 或者是"一只鹤 crane"）飞过天空，发出奇怪的声音。如果你可以想象出一条白色的鱼（white fish）待在一个电灯泡（light，就是指光）里面，十分无聊，没有意思（no fun）的话，你就可以记住光在空气中的传播速度是每秒钟 186282 英里了。当然了，如果你需要的话，也可以把"秒"这个信息也加入其中。

其实你需要做的就是将一些具体的形象（包括所有代替词语）链接起来，以提醒自己想起必要的信息罢了。这种方法适用于学习任何一门学科。例如，学习化学时，你可能需要记住所有元素的名称，它们的元素符号，分别是第几号元素以及原子量是多少。下面你就可以按照这个顺序来进行联想。

例如：铁元素　　元素符号：Fe　　第 26 号元素　　原子量：55.85

钽元素　　元素符号：Ta　　第 73 号元素　　原子量：180.95

针对每一种元素进行一个简单的链接就可以了。例如，这里的两条链接可以分别是："我跑"（I run）+ "费用"（fee）+ "刻痕"（notch）+ "百合花倒下"（lily fall）; "棕褐色 + 高大"（tan tall）或"棕褐色 + 尾巴"（tan tail）或"逗弄"（tantalize）+ "谢谢"（ta-ta）+ "梳子"（comb）+ "鸽子 + 拉／提桶"（doves pull/pail）。这种记忆技巧将一个记忆难题或者学习障碍转化成了一个简单有趣的小游戏，甚至还适用于记忆规则和定义呢！例如镧族元素（lanthanide）指的是原子量从 57 至 71 的元素。怎样记住这样一条规律呢？也许你可以想象你在晚上降落到了地面上（land at night，足够可以使你想起 lanthanide），并指着一只猫说："看（look）！一只猫（cat）！"或者，你将"棕褐色 + 隐藏"（tan hide）或"降落并隐藏（land and hide）"与"湖 + 吊床"（lake cot）链接起来同样也可以记住相同的信息。

待会再说一些化学其他方面的记忆方法。现在我们来看看怎样应用这种记忆技巧来记忆数学中的方程式（或者其他等式甚至是不等式）呢？例如，求圆（circle）的面积公式是：面积（A）$= \pi r2$，你知道其中的 r 代表的是圆的半径（radius）。我在记忆这个公式的时候就在脑海中想象出一个圆圆的铁饼（a round pie iron）。其中的"一个"（a）代表面积；"圆圆的"就可以让我想起来圆（马戏团"circus"这个单词也可以）；"馅饼"（pie）的发音与 pi 相同；而"铁"（iron）就会让我想起 r 和 2。这种方法十分简便，只要记住一个用铁做成的馅饼就行了（你也可以想象自己正在敲击这张铁饼，敲得它铛铛地响）。记忆这个公式还可以使用代替词组"诺亚身边围着一圈火焰"(a circle of fire around Noah)。"火焰"(fire)中的"fi"部分的发音就可以让你想起来 π，而"r"部分的发音就可以让你想起来半径，诺亚则代表着数字2。

如果想要计算三角形（triangle）的面积的话，就需要记住公式 A=1/2BH（A 是面积，B 是底，H 是高）。最初在记忆这个公式的时候，我是这样进行想象的：一只小羊羔正在尝试着(try)说一声"吥！"(bah)，却只说了一半。"尝试"（try）这个词可以让你想起三角形（triangle）。而"一半"指的就是 1/2，"吥"（Bah）这个词中的 BH 当然指的就是底和高了。另外，应用字母的代替词语也可以记住这个公式：想象"豆子身上有一半都奇痒无比"(half a bean itching)。在记忆公式"F=MA"（力等于质量乘以加速度）的时候，就可以想象自己正在强迫（force，也有"力"的意思）自己的妈妈（ma）做什么事情。

当然了，在记忆这些比较简单的公式时，记忆法会显得既快速，效果又明显。那么记忆复杂一点的公式的时候呢？下面的公式就是规则多边形（polygon）面积的计算公式：

$$\frac{1}{4}NL^2 \cot \frac{180}{N}$$

你学过的所有记忆技巧都可以在这里派上用场了，因为下面你要创造的链接必须包括需要记忆的数字，字母和词语，链接开头的第一个词语必须是可以告诉你记忆对象的词语。记忆这个公式时，就可以想象这样一幅画面：一只鹦鹉（polly）飞走了（gone），在一片广大的地区（area，表示面积）迷了路。这就是我想象的链接的开始，然后呢，这只鹦鹉变成了一枚两角五分的硬币（代表 1/4），硬币忽然跪（kneelin'，代表 NL）了下来（我还想象这枚硬币跪下来时是朝上看的，这样就可以提醒我 2 在上方，表示平方）。它跪在一张婴儿床（cot，可以代表余切）

的旁边，而这张婴儿床就在一只母鸡（hen，代表 N）的附近。这时一些鸽子（doves）（表示数字180）从母鸡的上方（表示数字在上方）飞下来，朝着母鸡的头部飞去。

其实经过实践你就可以发现，形成这样一个链接并不会花费很长时间。

不过你一定要记住，我使用的代替词语都是我平时习惯用的。例如"二角五分硬币"以及"上空"就是我用来代替"1/4"和"上面"的固定词语。而你最好也选择适合自己记忆的词语，例如可以用"除以"这个词来代替"上面"。随着练习的增多，你自然会找到越来越多的固定词语。此外，我总是用美国国旗来代表"等号"（因为宪法规定,所有美国人生来平等），用"矿工"(miner)或者"八哥"(mynah bird)来代表"减号"(minus)，用"十字架"代表乘号，而"树"的形象对于我来说则代表平方根（可以与树的形象联系在一起）。

现在看下面这个表示简谐运动（harmonic motion）的公式：

$$T = 2\pi \sqrt{\frac{M}{K}}$$

下面和我一起进行链接：一只口琴（harmonica）边移动（move）边喝茶（tea），这个茶杯手里举着一面美国国旗（通常你都会知道等号的位置，所以没有必要再加入词语提醒你等号的位置），同时有两个馅饼（two pies，表示2π）也在摇晃着美国国旗。

这两个馅饼是长在树（平方根）上的，这棵树开着一辆麦克牌卡车（Mack truck，提醒我想起 M 在 K 之上），或者说，这辆卡车从树的上空开过，还可以将"树"与"蛋糕的摺边"（hem on a cake，表示 M 在 K 之上）联系起来。如果你已经按照上面的步骤形成了链接，看到"简谐振动"时你就会想到字母 T，看到 T 就会想起那杯茶，然后会想到茶杯手里举着的美国国旗（代表等号）。国旗又让你想起了两个馅饼（2π），馅饼是长在树上的（表示平方根），这样你就又想起了从树的上空开过去的卡车（M 在 K 之上）。除此以外，你还可以将"馅饼"这个词与"强大的盘子"（mightier dish，其中的辅音字母一起代表数字 31416）链接起来，你就会记住 π 的大小是 3.1416 了。

其实记忆公式与记忆其他知识是一样的，关键在于创造出能让你想起公式的链接，这样你就必须在脑海中想象出形象生动的画面。这种记忆法会使得抽象的东西变得生动形象，而且这个记忆的过程会迫使你将注意力全部集中在要记忆的公式上，同时你自己却意识不到。

下面有五个不同种类的公式,仅供练习。后面我还会讲解一些难度更大的公式。

二次方程的求根公式(quadratic formula):$x=\dfrac{-b\pm\sqrt{b^2-4ac}}{2a}$

首先可以用"水产的／四胞胎在阁楼中"(aquatic/quadruplets attic)作为链接的开始。然后联系到鸡蛋(X),鸡蛋手里挥舞着一面美国国旗(=);同时还有一名矿工(miner,表示减号)手中也挥舞着一面美国国旗;这时一粒豆子(bean,代表 b)从矿工的头中飞出,而另外一名矿工则在他的上空喝彩叫好(applauds,表示加减号);随后这个鼓掌叫好的矿工爬上了一棵树(表示平方根),然后进入到一个仓库(bin)里面;这时一只八哥(mynah)从仓库中飞出,随身携带着一个衣服架子(rack 表示 4ac,你的最初记忆力会让你知道 rack 代表的是 4ac,而不是 rac 或者 47),飞到了诺亚(2)的上空(表平方),而诺亚正在与一只大猩猩(a)摔跤呢!当然你还有更大的想象空间和更多的选择,这只是我想象出的画面。如果你没有亲自尝试着想象一下,这幅画面看起来的确有些难以想象。

能量计算公式:$E=\dfrac{-M(\pi KQ_1Q_2)^2}{N^2h^2}$

如果你觉得有必要记住括弧的位置,就可以用"O 型腿"的形象来表示括弧。记忆"倍数"(times)的时候,可以用"纽约时报"(New York Times)或者"一角硬币"(dimes)来代替。另外一种可以代表"上方,上面"的方法是用"一把梯子"的形象来表示。将"有能量的鳗鱼"(energetic eel)、"国旗"(这时可加入梯子的形象,或者在分子部分结束时加入梯子也可以)、"矿工""衣服摺边"(可以想象衣服的摺边中走出来了 O 型腿)、"长矛"(pike,表示 πk)、"放弃"(quit,表示 Q1)与"O 型腿的女王"(queen,表示 Q2)链接起来。如果你觉得有必要,还可以加入诺亚（表示 2，还可以加入"拳击场"以提醒你是方形的，表示"开方"），让他出现在"中午"（noon）和"母鸡"（hen）的上空（或梯子上）。记住，一定要保证这些画面在你脑海中可以清晰地显示出来，这样才能记得牢固。试试看吧！

电荷计算公式（electric-charge formula）：

$$Q = 6.25 \times 10^{-18} \text{ 个电荷} = 1 \text{ 库仑（coulomb）}$$

记忆这个公式时你可能会用到的代替词语有："台球"（cue）"美国国旗""渠道，航道"(channel)"一角硬币"（dimes，表示倍数）"一饮而尽"(tossed off，如果你还需要记住负号的话，再加入矿工的形象）"电荷""领带"和"圆柱"（column）。想象的画面可以是一个台球手里挥舞着一面美国国旗，这时又有一面巨大的美国国旗飞越了英国海峡，和它同行的还有许多一角硬币，然后它们被海峡一饮而尽。随后从硬币中飞出了许多电荷，电荷发电烧毁了国旗，这些硬币又聚集在一起组成了一条巨大的领带，领带后来变成了一根巨大的柱子。

下面列出的是酒精的分子式：
1，1-二苯基-2，2-二甲基-1，2-乙二醇
(1, 1-diphenyl-2, 2-dimethyl-1, 2-ethanediol)

想记住这个分子式，可以进行以下联想：一个小孩（11 的固定词，这里表示 1，1）马上就要死了（die），死之前他拿着扇子（fan）对着一个巨大的字母 L 扇个不停（die fan L 组合起来的发音类似于"联苯 diphenyl"）；一个尼姑（表示 2，2）也做着同样的动作，随后她将一枚一分硬币（dime）送给了一个叫"艾瑟儿"（Ethel）的姑娘（dime

Ethel 类似于"乙烷 dimethyl");艾瑟儿却拿不动这枚硬币,因为它足足有一吨(ton,表示 1、2)重,所以她把它吃(ate,类似于 et)了下去,这样才能达到自己的目的(aim),那就是照顾一位将要去世(die)的老人(et aim die old 可以用来表示"乙二醇 ethanediol")。想象一下这幅画面,你就可以轻而易举地记住这个公式了。

另外,你可以为公式中的任一符号找到固定的词语或画面来表示。例如,三角形符号(Δ delta),就可以用词语"扑克牌"(dealt)代替。那么记忆表示向量的箭头符号(→)时就可以将它想象为一支箭。对于表示过程可逆转的双向箭头来说,就可以把它想象为两支箭,每只箭只有半个箭头。

我认识的一位老师教给学生们记忆三角函数的时候,让学生们记忆一个没有任何含义的词语"sohcahtoa",因为这个词语的字母是三角函数公式中每一项的开头字母。下面是三角函数的公式:

$$正弦(Sin) = \frac{对边(opposite)}{斜边(hypotenuse)}$$

$$余弦(cos) = \frac{领边(adjacent)}{斜边(hypotenuse)}$$

$$正切(tan) = \frac{对边(opposite)}{领边(adjacent)}$$

你觉得上面那个毫无意义的单词能帮你记住公式吗?首先记住这个词语就是一件很费劲的事。其实我们可以通过有含义的代替词语记住这个词,例如:"浸泡一个脚趾"(soak a toe)、"因此+汽车+拖拉"(so car tow)或者是"浸泡+啊+脚趾"(soak ah toe)。这些词语组合都有含义,而且都可以想象成画面,这样你就能记住这个毫无意义的词语了。但如果我们直接针对公式想象出固定的画面来记忆岂不是更好吗？例如，一个符号（sign，表示"正弦sin"）的对面（opposite，表示"对边"）是一只正在使用中的高高的锅（a high pot in use，表示"斜边"）；一件大衣看到了这个符号（coat sign，表示"余弦cosine"），因为它就站在锅的旁边（表示邻边）；我们还能看到一位肤色为棕褐色的绅士（tan gent，可以表示"正切"），他想将自己对面（表示"对边"）的人也晒成棕褐色，用的工具是字母J送的一盏台灯（J sent，表示"邻边"）。

这样的话，你就很容易记住了这些公式。很神奇，不是吗？也许你会觉得这一章的公式都很简单，所以这些记忆法才那么有效。在下一章中，让我们一起通过一些例子看看是不是你想的这样。

20 复杂公式的记忆
——数学公式、化学结构式和电子层结构

洛杉矶内华达大学数学系的罗伊·西蒙诺夫副教授曾经说过:"大家普遍认为数学是一门推理学科,运用公理和定理去解决其他的数学问题。"

不过通过推理并不能解决所有的问题,你首先要有一定的理论基础,然后才能进行推理和证明。你要掌握的理论基础,就是那些需要记忆的公理和定理。你推理的出发点就是从这些理论开始,而它们都是需要牢记于心的。

在本书的第二章中,我提到过通过记忆缩略词"FOIL"来记住二项式相乘的展开顺序。该词是 Firsts(第一项)、Outers(外侧项)、Inners(内侧项)、Lasts(最后一项)四个词语的首字母缩写,代表两个二项式相乘展开时的顺序,以得到正确的二项展开式。请看下面这个代数式:

$$(a+b)(c+d)$$

根据顺序,首先应该将两个第一项 a 和 c 相乘,其次是两个外侧项 a 和 d,然后是两个内侧项 b 和 c,最后两项是 b 和 d。因此若将这条规律应用到代数式 (X+Y)(X+Y) 中去,得到的二项展开式就应该是:

$$X^2 \quad + \quad XY \quad + \quad YX \quad + \quad Y^2$$
$$\uparrow \qquad\quad \uparrow \qquad\quad \uparrow \qquad\quad \uparrow$$
第一项　　外侧项　　内侧项　　最后一项

不错，有些缩略词用起来的确很方便。《普林斯顿评论》中就曾经提到过一个《攻破 SAT 考试》中列举的例子，指的就是记住缩略词 PEMDAS 后就能记住四则运算的顺序。而记住这个词的一个方法就是记住"请原谅我亲爱的赛莉婶婶（Please Excuse My Dear Aunt Sally）"这句话。其实 PEMDAS 这六个字母分别代表的是"括号"（Parentheses）、"指数幂"（Exponents）、"乘"（Multiply）、"除"（Divide）、"加"（Add）、"减"（Subtract），意思是进行四则运算时，若有括号先算括号里面的，有指数幂再进行指数幂的运算，最后是先乘除，后加减。

《攻破 SAT 考试》一书中介绍说，SAT 考试中经常会出现考察下面这两个二次等式的题目。书中还建议大家"要多多练习，一直练习到看到等式左边就能马上想起右边的熟练程度"，其实也就是要记住这两个公式。

两个二次等式如下：

$$X^2 - Y^2 = (X+Y)(X-Y)$$
$$X^2 + 2XY + Y^2 = (X+Y)^2$$

你可以这样来记忆：一头公牛（Oxen，表示 X 的平方）帮助了一个矿工（表示减号），矿工很高兴，打了个呵欠（yawn，表示 Y 的平方）。这时有一面美国国旗（表等号）也打了个呵欠，然后有许多鸡蛋（eggs，表示 X）从这面国旗中掉落了出来，并鼓掌喝彩（applaud，表示"加 plus"）欢迎一瓶葡萄酒（wine，表示 Y）的到来。葡萄酒却洒落到了许多一角硬币上（dimes，表示倍数，即相乘），这些硬币就下了很多蛋(X)。最后飞来一只八哥(表示减号)把那瓶葡萄酒喝了(Y)。如果你认为需要记忆括弧位置的话还可以在适当的地方加入"O 型腿"的形象。想象一下这些画面，然后复习一下这个公式，完成后看第二个等式。

公牛（X 的平方）很高兴，开始鼓掌叫好（表示加号），因为它不需要照 X 光（no X - ray，表示 2XY）。这时你看到了一个十字架（表示加号）的 X 光片，同时打了个呵欠（表示 Y 的平方）。还有一面美国国旗（表示等号）也打了个呵欠。你手里挥舞着这面国旗，鸡蛋们（表示 X）把十字架（表示加号）放到了葡萄酒（表示 Y）酒瓶上，你马上制止说"不要！"（no，表示 2）。也可以想象这些酒瓶都是崭新的（new，也可表示 2）。你可以根据自己的习惯进行想象。

除此以外，我还想讲一讲应该怎样记忆代数、几何方面的一些公理和定理，以及有关三角函数的定理或公式。但是讲之前我们还是再看几个包括数字的公式怎样来记。下面请看余弦定理[1]的公式：

$$c^2 = a^2 + b^2 - 2abcos \angle C$$

链接的开始应该是一个能使你想起"余弦"（cosine）的词，例如"共同签署"（cosign）或者"表／堂兄弟姐妹"（cousin）。然后我是这么想象的：一个易拉罐（can，表示 c 的平方）站在遮阳棚上（awn，表示 a 的平方）鼓掌欢迎（表示加号）一粒豆子（bean，表示 b 的平方）的到来。如果你需要提醒才能想起等号的位置，那么就可以想象这个易拉罐的手中还挥舞着一面美国国旗。让我们继续，这粒豆子试图抓住一

---

[1] 余弦定理是指三角形中任何一边的平方等于其他两边的平方和减去这两边与它们夹角的余弦的积的 2 倍。

个矿工(nab a miner 表示 −2ab),这名矿工正走(goes,表示"余弦 cos")向一个角落,因为从那里的角度(表示∠)可以跳进大海(表示 C)。

化学中化学式的记忆其实也很容易。正如前面已经教给大家的那样,我们可以使用能让我们同时想起字母和数字的词语来记忆。例如:硫酸(sulfuric acid)的化学式是 H_2SO_4。记忆时可以这样想象:你将一瓶硫酸洒在了一只母鸡(hen,代表 H_2)身上,它身上顿时剧烈疼痛(sore,代表 SO_4)起来。这样记忆起来不是很容易吗?如果你还需要一个词提醒你想起"硫"(sulfuric)这个词的话,可以选择"销售毛皮"(sell fur)作为代替词组。

葡萄糖(Glucose)的化学式是 $C_6H_{12}O_6$。我是在四十年前教给学生们怎样记忆这个化学式的,但现在还经常有人打电话告诉我至今都没有忘。我告诉他们只要记忆"现金+命中+哎哟"(Cash Hitting Ouch)这个组合就可以了。"现金"(Cash)表示 C_6,"命中"(Hitting)表示 H_{12},"哎哟"(Ouch)表示 O_6。而"胶水+大衣"(glue coats)还可以提醒你想起"葡萄糖"(glucose)。所以只要想象一个人正在往大衣上涂胶水,这时一些现金(纸币或者硬币均可)从空中掉下来,命中了他的头部,他禁不住叫了出来"哎哟!"

下面我们就可以进一步记忆葡萄糖转化为淀粉(starch)的化学方程式了,如下所示:

$$nC_6H_{12}O_6 \rightarrow (C_6H_{10}O_5)_n + nH_2O$$

记忆时可以将下列词语或词组联系起来:"一件上过浆的衬衫"(starch,也有"淀粉"之意)+"没有+现金+命中+哎哟"(no cash hitting ouch,表示 $nC_6H_{12}O_6$)+"一枝箭"+"现金击中猫头鹰"(cash hits owl,表示 $C_6H_{10}O_5$)+"母鸡鼓掌"(表示 h 和加号)+"诺亚的鼻子"(表示 n 和 O_2)。"鼻子"(nose)中的字母"n"表示 n,"O"会让你想起"氧气"。

但是，如果你更喜欢用代替词语"亏欠"（owe），或直接用"氧气"也是可以的，这样就可以从"诺亚"直接联系到"一只呼吸了很多氧气的母鸡"。不过你事先肯定能记住 H_2O 代表水，所以可以直接与"水"链接起来。只要在这个过程中总是应用上你已经记住的知识就行了。

所以无论需要记忆的公式有多长，多复杂都没有关系，我们都可以利用上面的方法加以记忆。而且无论你用不用我的记忆法，这个公式还是又长又复杂。下面请看光合作用（photosynthesis）的化学方程式：

$$6CO_2 + 6H_2O \xrightarrow[\text{叶绿素}]{\text{阳光}} C_6H_{12}O_6 + 6O_2 \quad (条件：光和叶绿体\ chlorophyll)$$

想象你正在为一只<u>鞋</u>（表示6）<u>拍照</u>（photo，表示"光合作用 photosynthesis"），这只鞋其实是一个<u>罪犯</u>（con，表示 CO_2）。它开心地拍手叫好，你也跟着拍手叫好。这时有很多<u>灰尘</u>（ash，表示6）从空中降落，落在了你的<u>水杯</u>（H_2O）中，水很害怕，于是<u>投降</u>了（yield，也有"产出"的意思；方程式中的箭头表示"生成"，如果你不知道的话，也可以直接用"箭头"表示），还变成了<u>浅绿色</u>（light green，表示的是光和叶绿体）。这时，一张浅绿色的<u>现金击中</u>了鞋子，它禁不住叫了起来"哎哟！"，并且开始<u>追赶</u>（<u>chasing，表示 $6O_2$）现金。你看着眼前发生的这一幕，开始拍手叫好（如果你不喜欢"追赶"这个词，也可以用"闪亮 shone"，其中的"oh"音与 O 同音）。

看过这几个例子之后，你是不是已经跃跃欲试了？我查阅过的化学课本上都提到应该记住几种常见酸的名称和化学式，只要你应用我教给你的方法，这就不是件难事了。下面我列出了几种，但是记忆时一定要用第一时间闪现在你脑海中的词语或词组，就像我前面介绍过的那样，当然也可以用字母的固定词和语音数字与字母表。举个例子，看第一项"醋酸"（acetic），可以这样想象：<u>我看到迪克</u>（I see Dick，表示"醋酸 acetic"）正在拿着斧子<u>劈砍</u>（<u>hacking，表示 HC_2</u>）

一根长长的火腿（ham，表示 H_3），而那根火腿是他亏欠（own，表示 O_2）我的。我们前面已经说过怎样记忆"硫酸"了，在此不再重复。那么怎样记忆"亚硫酸"呢？你可以用"帅气的"（handsome，表示 H_2SO_3）这个词来表示它的化学式，因为这个词的 d 是不发音的。只要想象出一辆帅气的出租车就可以了。

醋酸 acetic $HC_2H_3O_2$	亚硝酸 nitrous HNO_2
硼酸 Boric H_3BO_3	草酸 oxalic H_2C_2O
碳酸 carbonic H_2CO_3	高氯酸 perchloric $HClO_4$
氯酸 hydrochloric HCl	磷酸 phosphoric H_3PO_4
氰酸 hydrocyanic HCN	硫酸 sulfuric H_2SO_4
硝酸 nitric HNO_3	亚硫酸 sulfurous H_2SO_3

记忆时你需要做的就是在酸的名称和化学式之间建立起联系，这就够了。建立起联系后要多看几遍，多复习几次，这样你就可以轻松地记住这些常见酸的化学式了。

除此以外，元素周期表中元素的电子层排布以及有机化学中直链结构分子的化学式也是很难记忆的，因为你需要记忆一些形状和符号。但也只有遇到这种有难度的材料时，我们学习的超级记忆法才能彰显出它的威力！同样，其中包括的一些信息或者概念都需要找到对应的代替词语或想象出可提醒你的画面。例如，你可能会使用词组"水泡 + 口香糖"（bubble gum）、"两倍的"（double）或者"联结在一起"（bond）来表示"双键"（double bond）。单键记忆起来比较容易，但你也可以为它找一个代替词语。

有机化学中很多分子的化学式都含有多个碳、氧、氢、氮原子。因为经常遇到，所以我们可以找一些固定词语来代表这些元素。例如，"胡子"

可以代表<u>年长的</u>（old，代表 O）人，这样我就用它来表示氧元素（其实这里你不会把"胡子"和"诺亚"混淆，因为我们这里并不是为了记忆数字，而是元素名称）。我用"生日蛋糕"来代表氢元素，因为蛋糕可以让人想起来"年龄"（age，表示 H），当然，你也可以用"痒"（itch）这个词来表示。每一种元素都可以找到许多词语来表示，例如还有"拴住，套住"（hitch）、"疼痛"（ache）等很多词语也可以表示氢元素。其他词语例如"打开"（open）、"希望"（hope）、法语中的"水"（eau）都可以用来表示氧元素。你还可以用"大海"（sea，表示 C）或者"看到"（see）来表示碳元素，用"母鸡"（hen）、"末端"（end）或"敌人"（enemy）表示氮元素。

下面请看有机化合物胸腺嘧啶[1]（Pyrimidine thymine）的分子结构式：

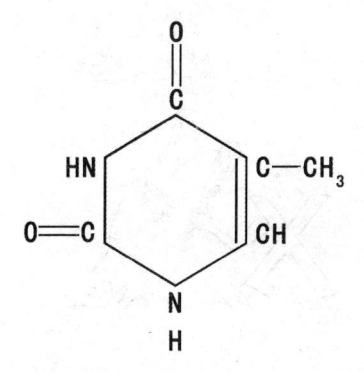

```
         O
         ‖
         C
        / \
   HN      C—CH₃
   |       ‖
   O=C     CH
        \ /
         N
         |
         H
```

记忆时的第一个难题就是弄清楚结构式的形状。如果你在进行链接和想象的时候把它的形状也包括进去的话，记住它就没问题了。首先，链接应该从"胸腺嘧啶"开始，然后与可以提醒你想起结构式形状的词语联系起来。例如，你可以加入"鞋子"（6 的固定词）这个词来提醒你它的形状是一个六边形。然后，下面的链接要从结构式中一个具体的

---

[1] 一种嘧啶类有机化合物，通常叫作基底，由含有氮和碳原子以及甲基的环形物组成。

点开始。我总是从苯环上表示 11 或者 12 点钟方向的那个点开始，因为无论它的结构是几边形，都会有这么一个点，而且首先考虑表示 12 点钟的那个点，然后按照顺时针的方向往下链接苯环上其他的点。

虽然在下面这个链接中我会使用"诺亚"这个词，但我同时也会使用"胡子"这个形象。如果你很容易混淆，也可以使用"皱纹"（也能表示年老）一词来表示氧元素。所以你想象的画面就可以是：你用绳子绑住了一颗地雷（tie mine，表示"胸腺嘧啶 thymine"），目的是阻止巨大的字母 X 逃跑，但是它还是逃走了（gone），走地远远的（X gone 可以表示"六边形 hexagon"）。这个字母 X 下巴上长着长长的胡子（表示氧元素），它的二垒安打[1]（double，表示双键）把棒球击入了大海（sea）中（表示碳元素 C）。

在大海中（C），字母 X 的好朋友（chum，表示 C—CH3）接住了球。这位好朋友的嘴里正嚼着泡泡糖（bubble gum，发音类似于"双键 double bond"）。泡泡糖接收了 X 的现金（cash，表示 CH）并带它去了诺亚那里(或者登上了挪亚方舟)。诺亚看到了即将来临的灾难(sees

---

[1] 安打是棒球运动中的一个名词，指打击手把投手投出来的球，击出到界内，使打者本身能至少安全上到一垒的情形。安打可依照打击手本身到达的垒包，可分为一垒安打、二垒安打、三垒安打，及全垒打四种。

trouble，表示 C 和双键），就戴上了假胡子（表示氧元素）来掩护自己。这时一只母鸡（hen，表示 HN）从胡子中跑了出来。

如果你认为"母鸡"这个词用的频率太高，容易混淆，也可以用"磨刀石"（hone）这个词来表示"HN"。其实这是无关紧要的，并不会对你造成困扰，不要忽略了很重要的一点，那就是你的最初记忆力以及你对知识的了解。这些要素让你自然而然地就能明白"母鸡"这个词在这里并非表示 N 或者 H_2，而是表示 HN，而且即使我们同时也在用它表示其他词语，你也不会那么容易就把它们混淆。还是那句话，你真正的记忆力和基本的知识储备会让你有能力进行区分。

我已经使用过"二垒安打""泡泡糖"以及"麻烦"这些词来表示"双键"了，这样你就可以了解记忆同一条信息有多种不同的方法，你可以同时使用多个词，也可以反复使用同一个词。例如，你还可以用"大海 + 痒"这个组合来表示 CH。

好的，到这里你也应该回顾一下刚才那条链接了（无论是经过我提示的还是你自己想的），然后试着把胸腺嘧啶的分子结构式画出来。然后你会亲自感受到这种记忆法有多么好用，效果有多么明显。

下面再来看看直链结构的"丙酮酸"（Pyruvic acid）分子的结构式。

$$\begin{array}{c} O \\ \parallel \\ C-OH \\ | \\ C=O \\ | \\ H-C-H \\ | \\ H \end{array}$$

对于你来说，如果没有必要记住直链左右两边的原子，那么这会是一个很简单的直链结构。但是如果你能找到两个词分别代表"左"和

"右"的话,再来记忆直链左右的原子就会容易地多。例如,我用"红旗"(共产主义)代表"左边",用"拳头"(可以让人联想起来"铁臂金刚 right cross")代表右边。等你确定好了固定词语后,直接将链上的原子链接起来就可以了(对于从左向右写的直链化学式来说,你就需要找两个词语分别代替"上边"和"下边")。那么记忆丙酮酸的分子结构式时,链接的开头词语应该能让你想起"丙酮酸"(Pyruvic acid),然后把它与下面这些词语链接起来:"年老的""二垒安打""大海""右边""哦,啊"(oh)和"看到+右边+麻烦+年老的",等等。

我已经详细地讲解了怎样利用记忆法来记忆不同种类的公式,通过我的讲解,你一定可以感受到这些记忆法可以解决任何的记忆难题。为了让你更信这一点,我们再来看一个例子。化学中的路易斯电子结构式[1]可以让我们清楚地看到原子的电子分布情况。曾经有很多学生告诉我他们根本记不住这些结构式,不过现在应用了超级记忆法就大不一样了。

那么你应该怎样记住下面这些原子的电子结构式呢?

Be· ·N· HE: ·B· :F· Li· ·O: ·Al· ·C·

首先你必须记住这些元素符号以及最外层有多少个电子。我的一贯解决办法就是赋予元素符号和电子数目新的意义,为此我还发明了一个简单的模式:字母T或D总是代表一个电子(因为T或D是代表1的语音字母),N用来代表两个电子(N是代表2的语音字母),而S代表没有电子(S是代表0的语音字母)。

按照这个模式记忆时,我们总是要从元素符号上方的电子数目开始记忆,然后按照顺时针的顺序记下去,你需要做的只有这些。例如,记

---

[1] 以短棍表示共价键,同时用小黑点表示非键合的"孤对电子"的结构式叫作路易斯结构式(Lewis structure),也叫电子结构式。路易斯是美国著名化学家,他曾在1916年《原子和分子》和1928年《价键及原子和分子的结构》中阐述了他的共价键电子理论的观点,并列出了无机物和有机物的电子结构式。

忆元素铍（Be）的结构式时，你可以想象一只蜜蜂正在叮一只鳝鱼（表示 B 和 E），而鳝鱼正站在高高的浪潮之上（tide）。在"浪潮"（tide）这个词中，字母 t 和 d 分别代表 1 个电子，那么首先元素符号顶端有一个电子。由于你是按照顺时针方向记忆的，那么在符号的右边还有另外一个电子。同样的道理，如果你将元素符号与词语"测验"（test）联系起来的话，那就代表着元素符号上方有一个电子，右边没有电子，下方有一个电子。铍元素的全名是"Beryllium"，如果你还想记住这个单词，就可以在想象的画面中加入"浆果 + 生病了"（berry ill）这个词组。

下面想象一下这幅画面：一粒豆子随身携带着一些茶叶（a bean totes tea），这样你就知道了画面要表示的元素符号是 B，而且从顶端开始按照顺时针方向，电子数目分别是 1，1，0，1，所以你就可以记住并写出该元素的电子结构式了。而记忆氮元素的结构式时，可以将词语"母鸡"（hen）与"被照看,照顾着的"（tended）或者"有凹痕的"（dented）联系起来。你看出来了吗？这样能让你想起来电子分布是 1，2，1，1。

同样，记忆氖元素：链接"他"（he）+"太阳／罪过"（sun/sin）；记忆氟元素：链接"一半"（half）或"努力"（effort）或"泡腾的"（effervescent）+"修女 + 宴请"（nun dine）；记忆锂元素：链接"撒谎"（lie）或"高架铁路火车"（el train）+"眼睛"（eye）+"坐下"（sit）或"设置"（set）或"缝补过的"（sewed）；记忆氧元素：链接"年老的"（old）+"修女死去了"（nun died）或"膝盖 + 著名的"（knee noted）；记忆铝元素：链接"艾尔"（Al）+"系,捆扎"（tie）或"茶叶"（tea）；记忆碳元素：链接"大海"+"捆绑得很结实"（tie dtight）或"有点的"（dotted）。

路易斯电子结构图的记忆方法是我们学习如何记忆抽象信息的一个很好的例子。

通过上面的学习，我希望你已经意识到了无论需要记忆的东西有多么抽象，利用超级记忆法都可以轻而易举地记住。

21 化学、生物和遗传学知识的记忆
——攻破表格、法则、理论难点

通常情况下,字母、数字和人名是记忆难度最大的信息。而学习化学、生物、遗传学或其他近似的学科时,你会经常遇到这种类型的知识点。最近一个高中生让我看了下面这个表格,还告诉我如果我能帮他记过去就等于帮了他大忙了。这个表格是关于常见元素离子及其所带电荷数(也就是化合价)的,我已经在下面列了出来,看过之后我会告诉你我记忆时用到的所有方法,我保证你在很短的时间内就能把它们都学会。即使你不需要记住这个表格,我也想让你看看这些记忆法是怎样应用的。

+1	+2	+3
Ammonium 氨离子	barium 钡离子	aluminum 铝离子
Copper (1) 亚铜离子	calcium 钙离子	chromium 铬离子
Potassium 钾离子	copper (11) 铜离子	iron (111) 铁离子
Silver 银离子	iron (11) 亚铁离子	
Sodium 钠离子	lead 铅离子	
	Magnesium 镁离子	
	Nickel 镍离子	
	Zinc 锌离子	

−1	−2	−3
Acetatew 醋酸根离子	carbonate 碳酸根离子	phosphate 磷酸根离子
Bromide 溴离子	chromate 铬酸根离子	
Chlorate 氯酸根离子	oxide 氧离子	
Chloride 氯离子	peroxide 过氧离子	
Fluoride 氟离子	sulfate 硫酸根离子	
Hydrogen carbonate 碳酸氢根离子	sulfide 硫离子	
Hydrogen sulfate 硫酸氢根离子	sulfite 亚硫酸根离子	
Hydroxide 氢氧根离子		
Iodide 碘离子		
Nitrate 硝酸根离子		
Nitrite 亚硝酸根离子		

　　在这个表格中，电荷的数目很重要，是必须要记住的信息。我这里使用的记忆法和图表记忆法很相似。首先以一个词语作为链接的开头，这个词语要能提示你该离子带正电荷还是负电荷，及其化合价。例如，字母组合 pl 可以代表"+"(plus)来表示正电荷，然后后面的辅音字母对应的数字可以告诉你是正1、正2还是正3价。这样，"盘子"(plate)、"阴谋"(plot)和"吃力的工作"(plod)这些词语都可以用来表示正1价；"飞机"(plane)和"计划"(plan)这两个词只能用来表示正2价；"李子"(plum)只能代表正3价。

　　字母组合 mi 可以用来代表"−"(minus)，用来表示负电荷。同样的道理，词语"小蜘蛛"(mite)、"棒球手套"(mitt)或者"强大有力的"(mighty)可以用来表示负1价,而"地雷"(mine)、"思想"(mind)和"薄荷"(mint)可以用来表示负2价,负3价则可以用"哑剧"(mime)或者"善于模仿的人"(mimic)来表示。记忆时你可以从这些词语中选出一个你最喜欢的，表格中的数字和正负号就会忽然变得生动有形起来,还可以清晰地浮现在你的脑海里。这样一来,这个表格的记忆就变得不再枯燥乏味,你也不会无从下手了。

现在又到了你自己做选择的时候了。你可以选择按照元素的名称或符号的顺序记忆,也可以二者同时记忆。你还可以决定是将表示正负的词语作为链接的开头然后链接离子名称记忆,还是将每一个离子都与其化合价联系起来记忆,其实这两种方法都行得通。例如,假设链接开头的词语是"飞机"(plane,表示正二价),将它与"把他埋葬"(bury him,可以使你想到"钡元素 barium")、"酒吧"(bar)、"呸!"(bah)或"豆子+猩猩"(bean ape)这些词语中的一个联系起来,然后将这个代表钡离子的词语与代表钙离子、铜离子等的词语链接在一起。另外一种方法是先将"钡元素"与"飞机"联系起来,随后将表示钙离子、铜离子、铁离子等等的词语分别与"飞机"相联系,一直链接下去,直到表示锌离子的词语也与"飞机"联系起来。

现在你会发现,离子后面的正负号已经不再重要了,因为我们已经有了表示正负化合价的词语来提醒我们每个离子所带的电荷数。此外,你会发现表格中有些离子后面还有小括号,里面写着 1 或者 11 甚至 111。如果你想确切地记住哪些离子后面有小括号,可以在画面中加入"O 型腿"的形象。就像我前面已经提到的那样,即使你并不需要记忆这个表格,但通过这样一个练习你也可以学到一种新的记忆模式并锻炼了记忆法。

一些大学生物教材的序言中都会提到,建议学生们学习教材之前先记忆一定量的专业术语,这样才能明白自己阅读的内容,弄懂老师们上课所讲的内容,这是很有道理的。

同样的道理,如果你能记住一个典型的动物细胞结构,再学其他有关细胞的知识时就会更加轻松。假设你需要记住动物细胞中含有高尔基体(Golgi body)、中心粒(centriole)、细胞核(nucleolus)、核膜(nuclear membrane)、细胞膜(cell membrane)、线粒体(mitochondrion)、细胞质(cytoplasm)和染色体(chromatin),只要将代表这些结构的代替词语链接起来即可。这条链接的开头词语将提醒你记忆的是动物的细胞结构,例如"在细胞中的动物"(animal in a cell)。

然后呢?这只动物有着<u>金色的身体</u>(gold body,表示高尔基体),它用身体推动一枚巨大的<u>一分钱硬币滚动</u>(cent roll,表示中心粒)了起来。然后这枚硬币拿出了一把<u>新钥匙</u>(new key),打开一个房间将关在里面的一头<u>年老的驴子</u>(new key+old ass,表示细胞核)释放了出来。于是,这头驴拥有了一个<u>全新的清晰的大脑</u>(new clear brain,表示核膜),但它的大脑被扔进了一个<u>单人牢房</u>(cell)中,一起被扔进去的还有另外一个<u>大脑</u>(cell brain,代表细胞膜)。因此现在这个牢房中有两个大脑了,另外还有一个浑身<u>湿漉漉</u>(wet)的囚犯(con),正在拿吹风机烘干自己(wet con drying,可提醒你想起线粒体)。然后他<u>坐</u>(sit)在了一个巨大的<u>脚趾</u>(toe)上,这个脚趾是用<u>石膏</u>(plaster)做成的(sit toe plaster,表示细胞质),它对着一块<u>铬</u>(chrome)踢了一脚,这块铬很快就凹陷下去了,因为它只是个<u>罐头</u>(tin,chrome tin可以让你想起染色体)。按照我说的步骤进行想象,你会发现不会花费太长时间就能想象出这幅画面并记忆过去。

另外,在记忆细胞机构(是学习生物时需要了解的最基本的知识了)的信息时也可以应用上面这个方法。下面列出的植物细胞结构中有些结构和动物是一样的,所以不必再一一找代替词语了。现在看一下下面这些结构,然后自己构建一个链接:细胞膜(cell membrane),细胞质(cytoplasm),细胞核(nucleus),核膜(nuclear membrane),内质网(endoplasmic reticulum),核糖体(ribosomes),线粒体(mitochondria)和液泡(vacuoles)。

当然在记忆一些缩略词的时候,你可以利用字母的代替词语来记忆。例如,在记忆DNA,RNA和ADP等等这些词语时,就有一种方法可以使这些字母组合变得有意义（无论用什么词语，都要与表示缩略词意思的词语联系起来）。DNA 的全称是脱氧核糖核酸（deoxyribonucleic acid）。那么"一位院长（D）一只手抓着一只母鸡（N），另一只手抓着一只猩猩(A)"的形象就可以让你想起DNA。或者一个叫戴娜(Dinah)的女孩也可以提醒你想起DNA，戴娜将一个巨大的字母D放在了一头公牛（ox）的身上，用丝带（ribbon）将它们捆绑在了一起，这些丝带都是崭新（new）的，捆绑完时丝带发出了"喀嚓"一声（click）。这样一来，"D+公牛+丝带+崭新+喀嚓"（D ox ribbon new click）这个词语组合就可以提醒你想起"脱氧核糖核酸"（deoxyribonucleic）一词。RNA 的全称是核糖核酸（ribonucleic acid）。如果你已经记住了DNA，那么只要把"脱氧"（deoxy）这一部分去掉，或者也可以将代表RNA三个字母的词语与"丝带"（ribbon）和"原子能"（nuclear）联系起来（或者用词语"角斗场 arena"代表RNA）。

　　ADP 的全称是"二磷酸腺苷"（adenosine diphosphate）。"加起来"（add up）、"一个笨蛋"（a dope）或者"一个猩猩（A）和一位院长（D）正在吃豌豆（P）"这些词语或画面都可以帮助你记忆ADP。然后你可以想象自己将一个洞穴（den）中的所有标志物（sign）都加在了一起（add），而且它们的形状都很像字母O，这样，你会发现"加+洞穴+O+标志物"（add den O sign）组合起来的发音类似于"腺苷"（adenosine）。然后一个跳水选手（diver）过来帮忙，却溺水而死，你觉得这就是他的命运（fate）吧！"一个跳水运动员的命运"（a diver's fate）发音类似于"二磷酸"（diphosphate）。

　　记住ADP后再记ATP就不难了。ATP指的是"三磷酸腺苷"（adenosine triphosphate，只是把"二"换成"三"罢了）。但是你也可以重新创造一个完全不同的链接，例如一件T恤衫（teepee）正在往洞穴（den）中加入更多的标志物（sign）等等，一直联系到"一个跳水运动员的命运"。

IAA 是"吲哚乙酸"（indole acetic acid）即生长素的缩写形式。你可以想象一只巨大的眼睛不停说"好好"（aye aye），或者用"一只眼睛（I）与两只猩猩（AA）"，这些画面都可以让你想起IAA。将其中任一个与词组"在洞中"（in the hole，发音类似于"吲哚indole"）和"一个座位"（a seat，发音类似于"乙酸的acetic"；如果你认为有必要，还可以再加上"酸acid"这个词）联系起来就可以记住全称了。NAA 指的是"萘乙酸"（naphthalene acetic acid）。你可以想象自己正在学习马嘶声（neigh，代表 NAA），然后你一边打瞌睡（nap），一边倚（lean）在墙上与你的好朋友见面（see），这个好朋友的名字叫迪克（Dick）。"打瞌睡 + 倚 + 我 + 见面 + 迪克"（nap-lean-I-see-Dick）链接起来的发音可以提醒你想起"萘"（naphthalene），其中你也可以加入"高大的"（tall）这个词，可以使二者发音更加接近。当然了，这些都由你自己决定。

DPN 的全称是"二磷酸吡啶核苷酸"（diphosphopyridine nucleotide）。字母词语或者"浸，蘸"（dipping）一个词就可以让你记住 DPN。然后你可以想象自己死的很快（die fast），因为一个敌人（foe）从水中钻出来，把你抢劫了（pirating）。最后你的身体在新的一天那渣断的潮汐中（new clear tide）浸泡（dipping）着。

你还想继续感受利用记忆法记忆的高效率吗？很好。首先将前面讲过的例子中提到的链接复习一下，或者完全靠自己再想象一遍。然后在下面的横线上写出正确的答案。

DNA 的全称是_____。
RNA 的全称是_____。
ADP 的全称是_____。
ATP 的全称是_____。
IAA 的全称是_____。

NAA 的全称是＿＿＿＿＿＿＿＿＿＿＿＿＿＿＿＿＿＿＿＿＿＿＿。

DPN 的全称是＿＿＿＿＿＿＿＿＿＿＿＿＿＿＿＿＿＿＿＿＿＿＿。

迄今为止，我还没有遇到过我的记忆法解决不了的难题。再来看一个例子，学生们在记忆细胞原生质中所含元素种类时都会记忆"C+霍普金斯咖啡馆+Mg"（C Hopkins Café，Mg）。如果学生们事先都知道有哪些元素，只是需要想起元素名称的第一个字母或者元素符号的话，这也是个很有效的办法。这个词组中的字母分别表示碳元素（carbon）、氢元素（hydrogen）、氧元素（oxygen）、磷元素（phosphorus）、钾元素（K，potassium 的缩写）、碘元素（iodine）、氮元素（nitrogen）、硫元素（sulfur）、钙元素（Ca，calcium 的缩写）、铁元素（Fe，iron 的缩写）、镁元素（Mg，magnesium 的缩写）。为了记住这个词组，你应该记住"看到霍普金斯咖啡馆了吧？那里相当不错呢！"（See（C）Hopkins Café？Mighty good！）这句话。

在大学的生物考试中经常出现的一道题是"请描述出一个血液分子（molecule of blood）从心脏到脚趾的流动路线。"如果你第一次看到或听到这个问题时就想好了适当的代替词语，你就能马上回答出这个问题。链接的开始可以是"有颗痣（mole）浑身感觉很冰冷（cool），而且还在流血"。然后将这幅画面与词语组合"一个+次序+艺术+空气的"（a order art airy，发音类似于"动脉+主动脉 aorta artery"）联系起来。或者想象这颗浑身冰冷的痣迫使自己从心脏中经过了最大的动脉即主动脉。

无论你选择了什么样的代替词语，下面都要与"揉碎+EO+看到+落下+舔+树干"（brake EO see fall lick trunk，发音类似于"头臂干 brachiocephalic trunk"）链接起来。可以想象从树干中驶出一艘用泥土（clay）做成的潜水艇（sub，指的是"锁骨下动脉 subclavian artery")；随后一只<u>斧子</u>（ax）<u>生病</u>（ill）了（表示"腋动脉 axillary artery"），但它还是把潜水艇劈坏了，造成潜水艇失事。斧子<u>也摔坏了</u>（break），<u>病情</u>（ill）更加严重（代表"肱动脉 branchial artery"）。而斧子的碎片却变成了一个个的<u>收音机</u>（radio，代表"桡动脉 radial artery"）。这些收音机的<u>背上</u>(dorsal)都长满了<u>鱼鳞</u>，和<u>一些驴子</u>(asses)一起在一根<u>杆子</u>（pole）上游泳（表示"足背动脉 dorsalis pollicis artery"）。

这种记忆法还可以用于记忆"气体分子运动论"(kinetic-molecular theory of gases)。该理论内容如下：

1．气体是由无数个微小的单个粒子组成的（想象一个巨大的领带[tie, 1]破碎成了许多微小粒子）。

2．气体分子之间有空隙，并处于永不停息的无规则运动状态。分子之间总是发生频繁的碰撞。它们总是按照直线运动，碰撞后会沿其他方向继续做新的直线运动（可以想象诺亚老人[Noah, 2]一根根的白胡子都四散开来，飞到空中做无规则运动。每根白胡子都沿着直线飞行，直至它们碰撞在一起后又改变方向继续做直线运动）。

3．当两个分子之间发生碰撞时，二者之间会发生能量转移，但并不会发生能量流失或者转化为热能的现象（可以想象你的妈妈[ma, 3]与别人的妈妈在街上撞车了，但她们并没有因此失去自己的能量，也没有变得体温升高，还可以想象她们彼此之间交换着礼物）。

4．气体分子之间并不会发生相互作用力，互相之间也没有吸引力（可以想象一瓶瓶的黑麦[hye, 4]啤酒对彼此都视而不见，很明显，别人在自己眼中也没有吸引力）。

5．与气体的总体积相比，气体分子的体积极其微小，甚至可以忽略不计。气体体积大部分都是分子之间的空隙（想象在一片广袤的原野上，只有为数不多的几个警察[law，5]，他们在这广阔的空间里游荡巡逻)。

上面我使用了前五个固定词语，因为我看到这些信息时发现内容前面都标上了数字。而且我认为根据数字顺序来记忆这些内容，比直接将它们链接起来记忆更加确切，但也许你认为并非如此。当然，你也可以创造一个链接将所有内容一起记过去。首先，为"分子运动"(kinetic-molecular) 这个词找到一个代替词语，作为链接的开头，例如词组"罐头＋阁楼＋痣＋冰冷的"(can attic mole cool)。如果你是按照我说的方法，链接固定词语来记忆，也可以将这个词组加入到每一幅画面中去，只是我觉得没有必要如此。

不过你要明白，我并非这些学科的专家，也不是下一章要讨论的学科方面的学者，在这些方面我可能还没有广大读者们知识渊博。这样我使用的一些代替词语你可能根本用不着，因为你会针对这些内容本身进行想象，没有必要找代替词语。其实,这种记忆法应用起来是很个性化的，每个人习惯和方法都不尽相同，但也理应如此。然而这都不重要，重要的是记忆法的效果很好，只要你记住了就可以了。

我们这章所讨论的内容以及下一章中要介绍的方法都是在向你介绍怎样记住你所学的知识。这也是记忆法很重要的一种应用，随后我会用简短的一章单独介绍。

22 将超级记忆进行到底
——物理学、天文学、三角与几何

本章我会继续教你怎样处理一些学科中遇到的不同类型的信息。有些学科我们在前面的章节中已经涉及到了一些。下面这些例子都能很好地锻炼你的记忆力，这样你离"过目不忘"的境界就会越来越近了。

一些基本概念

请尝试记忆下面的几个基本原理：

1．各种形式的能量之间可以相互转换。物质也可以由一种形态转化为另外一种形态。物质与能量之间可以相互转化，但是它们的总量保持不变；

2．物质世界无时无刻不在运动；

3．生命体与所生存的环境之间进行着物质与能量间的转化；

4．所有生物体的形成都是由其本身的遗传基因和生存环境共同作用的结果；

5．生物体每时每刻都在发生变化。

你可以使用数字的固定词语按照顺序记忆，也可以组织一个简单的链接，都能很快记住。下面我会给你一些简单的提示：

想象你的领带上有一个巨大的字母G，有个人进入到G的内部(enter

G 表示"能量 energy"，当然你也可用一块巧克力来表示），使得 G 改变了自己的形态（表示能量可以转换为其他形式的能量）。G 变得越来越<u>疯狂</u>（madder，表示"物质 matter"）起来，但是它的疯狂却忽然改变了并以另外一种形式表现出来（物质可以由一种形态转化为另外一种形态）。

那个人也变得越来越<u>疯狂</u>（madder，表示"物质 matter"），因为他正在想方设法<u>进入</u>到 G 当中去（enter G 表示"能量 energy"；这句话指的是物质可以转化为能量）。但是 G 却无动于衷（没有发生任何变化），所以这个人还是那样疯狂（物质和能量的总和不会发生变化）。

为了便于教学，我将每一条原理都进行了联想，其实并不需要如此。如果你刚开始时就已经理解了这些概念，可能你需要的只是一个或几个词语提醒你想起"物质"和"能量"。这里为了讲解记忆法的应用，我对每一条内容都进行了详细介绍。再来看一个例子。对于"重力"（gravity）这个词，我通常会用"调味汁+茶水"（gravy tea）作为其代替词组，这是我在教学过程中常用的方法。但其实我自己在记忆时只要想象一些做自由落体运动的物体就可以了。我希望你能明白一点，就是当你看到或听到任何的信息，第一时间闪现在脑海中的画面记忆起来效果最好，无论这幅画面是什么样的内容。因为教学的原因，我举的例子要让每位读者都明白，所以很详细，但你自己在记忆时按照自己的习惯就可以了。这一点适用于我列举的所有例子。

好，让我们接着把上面那个例子讲完。

诺亚（2）将整个宇宙都放在自己的头上，因为他要不停地改变自己的位置。

你的妈妈（3）进入了字母 G 后变得越来越疯狂，因为她忙着将一些生命体与其他的东西进行交换,例如"母鸡"（hen）"电线"（wire）"薄荷"(mint)等（代表"环境environment"一词）。

一块黑麦（4）面包手里正玩弄着一个风琴（organ，代表"生命体organism"）。这时一只野兔（hare）正在准备（ready）茶水（tea）("hare+ready+tea"表示"遗传性heredity"）。另外还有一只母鸡，紧紧地被电线缠绕着，嘴里还喝着薄荷茶（表示"环境environment"）。这些动作都是同时发生的（act together，表示同时起作用的意思）。

一个风琴（organ，代表"生命体organism"）被警察（5）逮捕了，它不停地变换着自己的大小和形状。

这些画面都是第一时间闪现在我脑海中的，你自己想象时一定可以做到更快更好。你需要做的只是为每一条概念找到一个关键词或产生一个想法即可。

下面我们按照具体的学科进行讲解。

物理学

上一章中我们介绍了怎样记忆分子运动论的内容，下面这个例子和它很相似。在大学物理考试中，有一种典型问题是"开普勒三定律的内容是什么？"这两个问题处理起来的方法基本相同。首先我们来看定律的内容：

第一定律（轨道定律）：所有行星都沿各自的椭圆形轨道运动，太阳在该椭圆的一个焦点上。

第二定律（面积定律）：太阳和运动着的行星之间的连线，在相等的时间内扫过的面积总相等。

第三定律（周期定律）：各个行星绕太阳公转周期（T）的平方和它们的椭圆轨道的半长轴（R）的立方成正比。

下面我来告诉你我是怎样记住它们的。你可以按照我介绍的方法也可以自己想办法。记忆时我使用了数字的固定词语，按照顺序进行链接。如果你觉得有必要，也可以在每条链接中都加入"开普勒"一词的代替词语，例如"帽子＋低"（cap low）或者"扑通"（kerplunk）。可以想象许多领带围着太阳沿着各自的椭圆轨道运动，太阳总是在它们的中间。

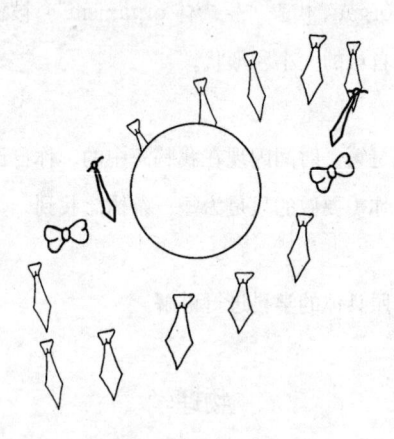

你也可以加入词组"浆＋钻头"（oar bits）来表示"轨道"（orbits）。如果你在领带下方看到了与"帽子＋低"（caps low）有关的形象，就可以想起来"开普勒"了。

一个长着白胡子的老头（也可以是诺亚，表示 2）正在太阳和一个行星之间画一条线，而且同时（表示相等）在太阳和其他行星之间也画了一条线，或者想象他画的时候手里还挥舞着一面美国国旗（表示平等，相等）。还可以想象他将一个通行证（pass，有"经过"之意）扔过同等面积的两块区域。利用自己想象的画面去记就会很容易想起来这些要记忆的内容。

有一个立方体（你也可以想象成国家游泳中心"水立方"，表示"立方"）上面写着一个很大的字母 R。R 其实是一个收音机（radio，表示"半径 radius"），而且位于轨道中间。忽然一个方形（表平方）的茶杯（T）把它击中，茶杯变成了碎片，碎片上有很多的小圆点（可以联想到"句号 period"，表示"周期"），这种事情总是（表示不变）发生。最后你的妈妈（表示 3）把茶杯中的茶喝了下去，把茶杯收了起来。

天文学

谈到行星，我就想起来了应该教你怎样按照一定的顺序记忆太阳系九大行星[1]的名称。其实只要找准代替词语或词组然后链接起来就可以了。例如，按照与太阳距离的远近顺序，分别是水星（Mercury，离太阳最近）、金星（Venus）、地球（Earth）、火星（Mars）、木星（Jupiter）、土星（Saturn）、天王星（Uranus）、海王星（Neptune）、冥王星（Pluto）。

如果你已经很熟悉这些行星了，只是需要一些词语来提醒你的话，你可以通过想象下面这幅荒谬夸张的画面来记忆：在日出的时候移开我的 J（Move my J at sunup）。或者记住下面这句话"我狠毒的敌人让一位法官用新型的惩罚手段招待我们。"（My vicious enemy made a judge serve us new punishment.）多出来的字母 a 可以用来提醒你想起"小行星"（asteroids）这个词语。

不过最好的办法还是把各自的代替词语链接起来，因为这样记忆时可以按照一定的顺序，例如与太阳距离的远近。下面列出了每一个行星可能会用到的代替词语或词组。

水星 Mercury：函数表（thermometer），黑暗、阴郁的（murky），

---

[1] 2006 年 8 月 24 日，国际天文学联合会大会投票 5 号决议，通过新的行星定义，冥王星被排除在行星行列之外，而将其列入"矮行星"，这标志着冥王星正式从九大行星中除名，太阳系只剩下了八大行星。

我+治愈+E（me cure E），我的咖喱食品（my curry），居里夫人（Madame Curie）

金星 Venus：V+坚果（V nuts），血管（vein），爱神维纳斯（Godness of Love），V+鼻子（V nose）

地球 Earth：泥土（dirt），家园（home）

火星 Mars：毁坏（mars），妈妈的（ma's），火星酒吧（Mars bar）

木星 Jupiter：鞋子+皮特（shoe Peter），你在那里（you be there），杜松子油+浆果（juniper berries）

土星 Saturn：坐在缸上（sat on urn），悲伤+转身（sad turn）

天王星 Uranus：你+下雨+上面+我们（you rain on us），雨水+鼻子（rain nose），你在我们之上（you're on us）

海王星 Neptune：逮捕+曲调（nab tune），寒冷+曲调（nip tune），海神（God of the Sea）

冥王星 Pluto：蓝色脚趾（blue toe），吹+脚趾（blew toe），小狗布鲁托

你当然可以按照数字顺序来记，将每颗行星名称的代替词语与数字1~9的固定词语或者押韵词语（枪……葡萄酒）联系起来，这样就能记住了！

地球科学[1]

高中地球科学的测试中会经常出现这道题目："列出空气中最主要的五种气体。"答案是：氮气（nitrogen），氧气（oxygen），氩气（argon），

---

[1] 地球科学是以地球系统（包括大气圈、水圈、岩石圈、生物圈和日地空间）的过程与变化及其相互作用为研究对象的基础学科。主要包括地理学（含土壤学与遥感）、地质学、地球物理学、地球化学、大气科学、海洋科学和空间物理学等分支学科。

二氧化碳（carbon dioxide）和水蒸气（watervapor）。记忆时只要将各种气体名称的代替词语链接起来就可以了，例如"晚上＋划船（＋宝石）night row (gem)"＋"公牛＋痒"(ox itch)＋"R 离开"(R gone)＋"碳＋死亡＋公牛＋隐藏"(carbon die ox hide)＋"水＋倾泻（或者是水变成了蒸汽）"(water pour)。

再来看一个例子。整个大气层根据高度不同可分为对流层(troposphere)，平流层 (stratosphere)，中间层 (mesosphere)，暖层(thermosphere)，散逸层 (ionosphere)。为了记住这些名称，可以分别找到代替词语然后再链接起来，例如"投掷＋杆子"(throw pole)＋"笔直的 O"(straight O)＋"混乱＋O"(mess O)＋"保温瓶"(thermos)＋"眼睛＋在……之上／铁"(eye on/iron)。

三角函数与几何知识

正弦定理（the law of sines）的内容是这样的：在一个三角形中，各边和它所对角的正弦的比相等。记忆起来创造的链接可以用"一个标志（sign）成为了陪审团（表示"法律law"，也有定理的意思）的一名成员"作为开始。然后接着想象，由各种标志组成的陪审团坐在一个巨大的三角形中，而不是陪审席上。在三角形的一条边上有一个巨大的收音机（radio，可表示"比率ratio"），收音机的对面也有一个标志，它的头上有一圈光晕或者一根弯曲的金属棒（光晕可以提醒你想起"天使 angel"，弯曲的棒可以让你想起"角度 angle"；二者都可以让你想起对角）。光晕或对角从来没有移动过，位置总是不变的。

前面我们已经讨论过怎样记忆余弦定理（the law of cosines）的公式了，但你一定也需要记住定理的内容。定理内容如下：在任意一个三角形中，三角形任何一边的平方等于其他两边平方的和减去这两边与它们夹角的余弦的积的两倍。可以这样进行想象：一位警察（代表法律、定理）连署（cosign，发音类似于 cosin）了一份合同，这份合同是写在一张三角形的纸上的。这张纸飞到了一个拳击场中（方形，表平方），在拳击场的每一边都与别人打斗。它在打斗过程中手中始终挥舞着一面美国国旗（表示相等），而其他所有的拳击场（表示平方的和）都从其他各个方向（表示其他边）蜂拥而至。这时一个矿工（表示减去）两次拿出了自己的产品（表示结果的两倍）进行推销，并把产品放在了拳击场的边上，然后也拿起一个弯曲的铁片（表示角度）连署了（表示余弦）他们之间的合约（表示两边之间夹角的余弦）。

下面再看看其他几条定理的内容及其记忆方法。

正弦，余弦，正割（secant），余割（cosecant）函数的周期（function period）都是 2π，而正切（tangent）、余切（cotangent）函数的周期是 π。想象一个很大的标志（sign，表正弦）正在连署（cosign，表余弦）一份合约，然后只用了一秒钟（second，表示"正割 secant"）的时间就让它生效（function，表"函数"）了。这时一件大衣（coat）在一秒钟（coat+second 表示"余割 cosecant"）内跑了过来，在上面画了个句号（period，表"周期"），还在自己脸上放了两个馅饼（表示 2π）。一位棕褐肤色的绅士（tan gent，表示"正切 tangent"）穿上了这件大衣（coat，表示"余切 cotangent"），参加了一个集会（function，表"函数"），服务员为他端上了一个馅饼（表示 π）。这样故事就画上了句号（表周期）。

不久后你就会发现，再遇到一些经常出现的概念，你会固定地使用一个词语去表示。例如，"拳击场"代表平方，"连署"表示余弦，"弯曲的金属棒"表示角，而我总是用"半个柚子"来表示一半。

再看这条定理：两条平行线被第三条直线所截（transversal），同位角相等（congruent）。想象一列正在奔驰着的火车突然逆转行驶（reverse，表示"截断 transversal"），穿过了两条平行的轨道（表示两条平行线），这样就分开了一对弯曲的金属棒（表示角）。它们与一个罪犯（con）站立的位置相同（表示同位），这个罪犯的头上长（grew）着一只蚂蚁（ant）（con+grew+ant 表示"相等 congruent"）。

在同一个平面（plane）上，如果一条直线与两条平行线中的一条垂直，那么也与另一条直线垂直。想象在一架飞机上（airplane，表"平面"），有两条平行的铁路轨道，其中的一条轨道上立着一根晾衣绳，然后晾衣绳又笔直地跳到了另一条轨道上。

通过已知（given）一点有且只有一条直线与已知平面垂直。想象有人送给（give，表"已知"）你一根晾衣绳，只有一根而且是笔直的。这根晾衣绳上有一个点，点下面还有一架飞机。

垂直于同一平面的两条直线共面（coplanar）。在同一架飞机上，有两根笔直的晾衣绳，它们正在一起商量一个计划，所以它们被称为"共同策划者"（coplanner，表示"共面 coplanar"）。

如果两个三角形的高（altitude, h）相等，那么它们的面积（area）之比等于底边（base）长度之比。想象两个三角形在同一海拔高度（altitude，表示高）飞行，每一个三角形身上都很痒（itch，表 h）。然后一个收音机（表示比率）开始为三角形们播放咏叹调（aria，表示"面积 area"），手里还挥舞着一面美国国旗（表示相等）。此时在地面上的军事基地中（bases，表示底边），字母 E 和 O 正在展开一场竞赛（race E O，表示"比率 ratio"）。

如果一个直角三角形的一边等于斜边的一半，那么该边对角是 30 度。想象一个三角形正在扔一个打孔机（表示"正好穿过 right across"，其中的"right"可以表示直角）。这个打孔机有两条腿，一条腿只有另一条的一半长。然后再想象一条腿下有一只高高的正在使用的锅（high pot in use，表示"斜边 hypotenuse"，可能是起到使短一点的那条腿踮起来的作用）。还有一根弯弯的金属棒在锅的对面（表示对角），站在一只老鼠（表示 30）身上为它测量（measure，表示角的度数）身高。

化 学

化学中的一些基本概念也是需要熟记于心的，例如：

1．带电的原子或原子团是离子。
2．离子键是正离子和负离子之间由于静电引力所形成的化学键。
3．共价键是原子间通过共用电子对所形成的化学键。
4．分子是共价键结合的产物。
5．有机物分子都含有碳元素。
6．分子总是在不停地运动之中。

记忆这些概念的时候，你可以使用数字的固定词语或者押韵词语(从"枪"到"木棍")。但是我觉得这里没有必要按照次序来记，你只要想象出一些夸张的画面提醒你概念的内容即可，然后你会发现通过这个想象的过程很容易就记住了。虽然我会为你提供一些建议和方法，但只有你亲自进行想象和联想，才会有好的成效。不过还是先看看我是怎样记忆的吧！

1．一个犯了罪的原子没有得到<u>新一轮的审判</u>（no new trial，表示"不是中性 not neutral"，即带电），因为它是由<u>铁</u>（iron，发音类似于"离子 ion"）做成的。

2．有人用钢笔和墨水在画板上<u>画</u>（drawn，另有"吸引在一起"的意思）出了<u>两个原子弹</u>。我很<u>反对</u>（oppose）这种行为所以我把他起<u>诉</u>（charge）到了法庭（opposite charges 表示"带相反电性的电荷"），还在我们之间的<u>契约上刻上了划痕</u>（nick the bond，表示"离子键 ionic bond"）。

3．孩子们在<u>分享</u>（share，表示共用电子对）玩耍<u>电动火车</u>的乐趣

(electrictrains,表示"电子 electrons")。然后孩子们钻进床单(coverlet,表示"共价的 covalent")下睡觉,这张床单是一张大大的储蓄债券(bond,另有"化学键"之意)。

4．那张用债券（表示化学键）做的床单（表示共价键）让人感觉浑身冰冷,脸上开始长一颗颗的痣（cool moles,表示"分子"）。

5．这几颗冰冷的痣都坐在一张巨大的用碳做成的纸上玩风琴(organ,表示"有机的 organic")。

6．这些痣从头到脚都很冷,所以它们不停地打哆嗦（表示运动、振动）。

不过在这个例子和后面的例子中（当然也包括前面那些例子）,我使用的代替词语不一定都是你需要的。这一点我先前已经提到过了,但还要在这里强调一下。也许你还需要加入其他一些词语或词组,但可能我认为没有必要加入。不过没有关系,最后的选择权都在你自己手中。

23 阅读与听力
——根本不用记笔记

我们在课堂内外学到的知识主要是通过阅读获得的，迄今为止我教给你的所有记忆法都适用于记忆阅读的内容。首先用很短的时间将阅读材料浏览一遍，确定想要记忆的信息和知识点（因为阅读本身是一个寻找信息，寻找答案的过程）。然后再读一遍，利用学过的记忆方法和技巧来记忆那些重要内容。举个例子，请看下面这段节选的阅读材料：

希 腊

从埃及出发，越过地中海就会看到一个层峦叠嶂，海岸线蜿蜒曲折的半岛。这个半岛就是希腊大陆。在半岛的东部，便是著名的爱琴海。爱琴海中遍布着大大小小的岛屿，这些岛屿便是希腊文明的发源地。

大约在公元前 2000 年，第一批希腊人来到了这片地区。到公元前 1500 年的时候，他们就已经形成了自己独特的文明。他们学会了读写和绘画，还建造了富丽堂皇的宫殿。但他们在大部分时间中却都处于战争状态。到了大约公元前 1100 年，他们被文明远远落后于他们的其他部落征服了。

标题"希腊"的代替词语应该作为链接的开始。在很多情况下，只要将一本书的书名或者章节的标题链接起来记忆，你就能记住这本书或者这一章节的主要内容。可不要忽视了这一点，如果你将一本书中所有的章节名称或加粗部分链接起来记忆，那么将这本书浏览过一两遍后，你就可以按照顺序回忆起该书的主要观点。在上面这个例子里，我们就将所有的重要信息与标题联系起来。和我一起来看看怎么进行记忆吧，待会儿我还会检查你的记忆效果，看看你是不是已经记住了所有重要内容。

首先，我们可以用词语"动物油脂"(grease)来代替"希腊"(Greece)。想象在一个<u>十字架</u>(cross，表示"穿越 across")上有很多<u>油脂</u>，于是这个十字架跳到<u>海</u>中去<u>沉思</u>(meditate，表示"地中海 Mediterranean")。然后它从<u>金字塔</u>出发(代表埃及，或者用狮身人面像)开始游泳，游到一支巨大的<u>钢笔</u>(pen，或者再加上"胰岛素 insulin"一词来表示"半岛 peninsula")面前。这支钢笔正在形状<u>不规则</u>的岩石上（表示蜿蜒曲折）写字。这块岩石沿着<u>海岸线</u>航行，穿越了一只狮子头上<u>有很多油脂的</u>(greasy) <u>鬃毛</u>(mane)和一块块的<u>陆地</u>（表示希腊大陆）。

这是第一句话的内容，先来复习一遍。从埃及穿过地中海是层峦叠嶂，海岸线蜿蜒曲折的半岛，这里就是希腊大陆。

然后想象有很多块酵母（yeast，或用"吃 eats"这个词来表示"东面 east"）在陆地上着陆。它们都长着长长的胡子，看起来像一根根的<u>钢笔</u>(pen，或者再加上"胰岛素 insulin"一词来表示"半岛 peninsula")一样，说明这些酵母都<u>变老了</u>(aging，表示"爱琴海 Aegean")。这时它们的胡子忽然破碎成了许多大大小小的碎片，这些碎片组成了<u>大大小小的岛屿</u>。这些岛屿<u>很礼貌地</u>（表示"文明"）居住在一起，建立起了共同的<u>家园</u>（表示"发源地"）。

一个巨大的鼻子在它们的家园竖立了起来,成为文明的象征("鼻子"是 20 的固定词语，可以提醒你想起公元前 <u>2000</u> 年。如果你觉得一个词不够，可以用"噪音＋控告 noises sue"或者"好姐妹 nice sis"表示

2000 年。甚至可以加上"比克钢笔"[Bic] 提醒你是公元前,其实没有必要,因为你知道不可能是公元 2000 年)。

后来一条巨大的<u>毛巾</u>（15 的固定词,表示公元前 1500 年）覆盖住了他们的家园和这个巨大的鼻子。人们开始拿笔在毛巾上写写画画,其中画出的一幅画是一座富丽堂皇的宫殿。但是大部分时间里,作家们和画家们都在为了这幅画战斗。这时来自一个尚未开化的野蛮部落的小孩（11 的固定词语,表示公元前 1100 年）把这些战争中的人们都征服了。

上面的画面已经包括了所有的重要信息。通常情况下,一幅画面就可以提醒你想起不少知识点,而且还都是你认为有必要记住的。先复习一下以上的内容,然后完成下面的填空题。

从_____出发,穿越过_____就会看到一个层峦叠嶂,海岸线_____的_____。这里就是_____。在_____的东部,便是著名的_____海。海中遍布着_____的_____,是希腊_____的发源地。

大约在公元前_____年,第一批希腊人来到了这片地区。到了公元前___年的时候,他们就已经形成了自己独特的文明。他们学会了_____,还建造起了_____。但在大部分时间中却都处于_____。到了大约公元前 1100 年,他们被_____的其他部落_____了。

如果你已经想好了自己的链接（并且在脑海中清晰地浮现出了画面）,你就会很轻松地完成上面的练习。如果你还没记住,可以再复习一下,然后看看下面这些练习。

第一批希腊人大约在哪一年建立起了自己的文明? 公元前___年。
请用一个词语描述出希腊大陆海岸线的形状。_____
穿过地中海与希腊遥遥相望的是哪个国家? _____
第一批希腊人大约于哪一年到达了希腊大陆? _____
大约在公元前 1100 年,发生了什么事情? _____
爱琴海在半岛的_____方向（东面,西面,北面还是南面）?

除去绘画写字和建造宫殿,希腊人大部分的时间都在做什么?
_____

我故意没有按照文章中的顺序排列这些问题,就是想让你知道记住这些信息有多么简单,不按顺序都能回忆起来。这一点很重要,因为虽然你是按照顺序记忆的,但无论这些问题是什么样的顺序,你都能回答出正确答案。明白这是为什么吗?因为你已经完全掌握住了这些知识点,所以无论按照什么样的顺序回忆,都能回忆得起来。

再尝试一下记住下面这首诗。虽然这首诗并不押韵(押韵的话就能很容易记住了),你也能轻而易举地记住。

睡眼惺忪的太阳

睁开一只紫色的眼睛

偷偷窥探着世界

眼睛一眨也不眨地

注视着人间的一草一木

静静地,它叹了口气

又睡着了

刚开始时你可以想象太阳在地平线上睁开一只眼睛偷窥世界的情景。如果你需要记住"紫色",可以找一个代替词语,例如"紫色的葡萄"。太阳也没有眨眼,手里拿着一只手电筒,照遍了整个世界。这时手电筒重重地叹了口气(或者手电筒又大又沉),却没有发出声音,然后就躺下睡着了。将这幅画面在脑海中多想几遍,你就会记住这首小诗了(其实这首诗是我自己写出来用于教学的)。

如果你想把剧本中的台词一字一句地都背过去,也是一样的。只不过需要记得更详细具体一些,而且要反复复习。下面这段台词节选自莎士比亚的喜剧作品《皆大欢喜》,看看怎样能记过去吧!

"然后是哭哭啼啼的学童,背着书包
脸上照着早晨的阳光
像蜗牛般慢腾腾地,不情愿地上学堂
……"
(…the whining schoo-boy, with his satchel
And shining morning face, creeping like a snail
Unwillingly to school)

想象:一个小男孩正在哭泣(或者正在喝"葡萄酒 wine",该词发音类似于"哭泣 whine"),因为他身上背着沉重的书包(或者"一个悲伤的甲壳 sad shell",发音与"书包 satchel"类似),或者正喝着从书包拿出来的红葡萄酒。书包上画着一张笑脸,闪闪发光,将黑夜照亮,变成了清晨。这时有只巨大的蜗牛在书包上慢腾腾地爬呀爬,闪耀着光芒。然后它被拖拽着很不情愿地去上学。

如果你想利用这种记忆法又快又好地学习文学的话,唯一的办法就是亲自实践。多数情况下,我们有必要先把主要的内容和句型记下来,记住之后再把其他的词语例如"如果""而且""但是"等等这些连词放在句中合适的位置上。所以语言本身也是帮助我们记忆的工具。

其实这些荒谬离谱的画面不会总在你脑海中闪现(即使很难忘记,但也不会对你有任何影响)。因为在脑海中回顾的次数多了,就变成了你知识体系的一部分,记住以后就再也忘不了,这些画面也就会渐渐消失了。

我们前面提到过可以通过记忆标题来记忆书的主要内容。其实不光是书，那些你认为很重要的信息，你都可以将它们进行分类，再加上适当的标题来记忆。有效率的阅读不应该只是记住词语和句子，还应该由被动的阅读转化为主动、积极的阅读。为了提高学习效率，我们可以将长篇累牍的段落或句子的精华提炼出来，概括成中心思想或者大意。有效率的阅读就是一个快速寻找出观点、想法和答案的过程。

运用这些记忆法和技巧都会让你的阅读变得更加有效率，因为在记忆的过程中你必须要提炼重要内容和中心思想。这样也就加强了自己的记忆力，因为你必须把注意力集中在材料的内容上。提炼之后再专门去记忆它们，并把它们链接起来记忆。

记住要不停地锻炼自己，日积月累的锻炼会让你在边阅读边记忆的过程结束后做到过目不忘。可能在这样的过程当中，你会不由自主地放慢阅读的速度，但不要感到困扰。其实你还是节省了阅读的时间，因为你记住之后就不必再翻来覆去地不断翻阅这些材料了，而且想记住多久就能记住多久。

除阅读外，你获取的信息大部分是听来的。运用我们刚才学习的方法和技巧，不仅可以使你学习时集中注意力、全神贯注，而且还会让你养成一心一意、专心致志的好习惯。很多人不能全神贯注地倾听别人讲话的原因之一就是他们思考的速度远远大于讲话者说话的速度！这样一来，他们的大脑就有时间开小差，思维就更容易发散了。

那么怎样才能将这段空闲时间填满，不再让思维发散呢？有一个很好的办法就是在你听别人讲话或老师讲课的同时，应用记忆法去记忆他们说的内容。这样你的大脑就不会边漫游边做白日梦了。

在你倾听的过程中，可以仔细寻找关键词语或观点，就好像在阅读一样，为这些信息找好对应的代替词语，然后链接起来记忆。这样你会从被动地听变成主动去听，有效率地去听。如果你需要记笔记的话，只要记下一些关键词或句子就可以了，在讲话结束后再把它们链接起来。

在听的过程中很重要的一点就是要听重点，如果你想应用记忆法的话就必须这样做。所以你要时不时地提醒自己的大脑："听到没有？注意力要集中！"你就是在尽力地锻炼自己的最初记忆力。即使这些链接或联想不起任何作用，你也会记住比以前多得多的内容。而且通过练习和锻炼，应用这些记忆方法和技巧后，你记起东西来会越来越快，需要记的笔记会越来越少，记得会越来越牢固。试试看吧，这世界上还有什么你记不住的知识呢？

24 文学与艺术
——让你成为一个知识渊博的人

也许你也发现了，我们学习的记忆法可以同时从两方面来记忆信息，例如：书名与作者，曲子和作曲家，绘画作品与画家，而且瞬间就能记住。这些都是很好的例子，不过也许你想从多方面去记忆和学习，可能还需要记住书中的人物、故事情节或者小说的主题，甚至画家的流派等等。

文　学

我举的第一个例子是记忆查尔斯·狄更斯的作品《双城记》(A Tale of Two Cities)。这篇小说中的主要人物是查理斯·达内、悉尼·卡尔登、得伐石夫人、露茜·梅尼特和梅尼特医生。故事发生的主要背景是法国大革命，主要情节是卡顿为达内作出的牺牲（他代替达内死亡）。

在一条巨大的<u>尾巴</u>（tail,发音类似于"故事 tale"）上有两座城市。这两座城市总是在<u>不停地争吵</u>（quarrel like the dickens，表示查尔斯·狄更斯）。在其中的一座城市，有人正在为<u>坐在</u>（sit）<u>纸盒</u>（carton）上的字母 A <u>缝补</u>（darn）衣服（darn A 表示"达内 Darnay"；sit carton 表示"悉尼·卡尔登 Sidney Carton"）。这时一位优雅的<u>女士</u>（表示夫人）想吃纸盒中的<u>软糖</u>（fudge，表示"得伐石 Defarge"）。那些软糖很<u>松软</u>（loose, 表示"露茜 Lucie"），一个<u>男人</u>（man）很快就把它们全吃（ate）光了（man ate 表示"梅尼特 Manette"；也可以用词组"我的网 my net"）。然后吃光软糖的这个男人带上了听诊器（表示医生）给别人看病。如果情节需要的话，你还可以想象画面中的人物都在用法语争吵（因为故事背景是法国大革命）。这个纸盒很快就死去了（表示卡顿死去），因为帮字母 A 缝补衣服的那个人离开了。或者说棒球比赛中，这个纸盒打出一个牺牲触击打[1]（棒球中的术语，表示卡顿牺牲了自己的生命），为 A 缝补衣服的那个人就可以从 1 垒跑到 2 垒。这样就会让你想起所有的故事情节。

著名女编辑丽莉安·海尔曼（Lillian Hellman）曾经写过著名的舞台剧《守卫莱茵河》（Watch on the Rhine）。其中的主要角色是科特·米尔勒（Kurt Mueller）和泰克（Tek）。这个剧本的主要内容是德国一个反纳粹组织的领袖逃亡到美国，不料却与一个纳粹分子同住在一个屋檐下。故事的主题就是好与坏，善与恶的斗争。首先你应该决定记忆哪些内容，想象出的画面中只要包括能够提醒你想起这些内容的词语就可以了。

你可以试试这样联想：一头犀牛（rhino）带着一只巨大无比的手表（watch，代表"守卫莱茵河 Watch on the Rhine"）；一朵百合花（lily）中盛放着赫尔曼牌的蛋黄酱（lily+Hellmann's，表示"丽莉安·海尔曼"），从手表中生长出来。然后有一头骡子（mule）听到了手表滴滴答答的声响，于是对犀牛说了一些很简短（curt）的话（curt+mule，表示"科特·米尔勒"）。也许这只骡子的胳膊上带着纳粹的十字标志，犀牛朝着一面美国国旗奔跑过去，但那只骡子已经站在那里了（这些关键词语都可以提醒你故事情节，那就是德国逃犯跑到美国，与纳粹

---

[1] 牺牲触击又叫牺牲打，通常是在 1 垒（1，2 垒都有人时也会使用）有跑垒员而本方无人出局或者仅有一人出局的情况下使用，就是击球员使用球棒轻轻触击来球，使其落在靠近自己身体较近的地方，这样 1 垒跑垒员有时间安全进垒，但是通常击球员会被对方杀出局，因此叫作牺牲打。

分子在美国的家中相遇)。你还可以想象犀牛是如何的善良,骡子是如何的邪恶。如果要参加文学考试的话,你能意识到这种记忆法可以起到多大的作用吧?

下面还有一些知识点可以通过很简单的联想来记忆:

约翰·厄普代克[1](John Updike)著有《兔子,跑吧》(Rabbit, Run)一书。可以想象一只兔子沿着一座大坝(dike)向上(up)奔跑(up dike,表示厄普代克;当然,如果你觉得有必要,也可以在画面中加入"约翰"的形象)。

伯纳德·马拉默德[2](Bernard Malamud)的代表作是《魔桶》(The Magic Barrel)。可以想象一只木桶正在变魔术。

然后你给它邮寄了(mail)一些泥土(mud),以防止它剧烈地燃烧(burn hard,表示"伯纳德Bernard")。"邮寄+泥土"(mail mud)表示"马拉默德"(Malamud)。

---

[1] 约翰·厄普代克,集小说家、诗人、剧作家、散文家和评论家于一身的美国当代文学大师,作品两获普利策奖、两获国家图书奖以及欧·亨利奖等十数次奖项。

[2] 伯纳德·马拉默德,从俄国移居美国的犹太籍作家。他毕业于纽约市学院和哥伦比亚大学后,就在大学任教,同时从事文学创作。他的作品大多反映犹太下层人民的困苦生活,他们的精神面貌,他们的喜乐悲欢和强韧性格。《魔桶》是马拉默德的短篇著名代表作之一,被广泛列入文学教材,选家必选。

詹姆斯·乔伊斯[1] (James Joyce) 的代表作是《尤利西斯》(Ulysses)。想象：你列出了许多个字母 E (you list Es, 表示"尤利西斯 Ulysses")，这时有人将你瞄准 (aims) 后对着你扔了一瓶果汁 (juice)。"瞄准 + 果汁" (aims juice) 表示"詹姆斯·乔伊斯" (James Joyce)。

杰罗姆·大卫·塞林格[2] (J.D.Salinger) 著有《麦田里的守望者》(The Catcher in the Rye)一书。想象：一个棒球捕手(catcher)买了一瓶黑麦 (rye) 威士忌酒。然后他把下巴 (jaw) 当成帆船朝着监狱 (jail,表示 J) 航行 (sail)，路上他遇到了一位大学院长 (表示 D)。"航行 + 下巴" (sailing jaw) 表示"塞林格" (Salinger)，也可以用"航行 + 伤害" (sail injure)。

威廉·戈尔丁[3] (William Golding) 的代表作是《蝇王》(Lord of the Flies)。想象：一只苍蝇把自己当作国王，对其他苍蝇作威作福。它还在一块山药 (yam) 上用金色墨水 (gold ink, 表示"戈尔丁 Golding") 写下了自己的愿望 (will yam, 表示"威廉 William")。

拉尔夫·埃利森[4] (Ralph Ellison) 著有《隐形人》(Invisible Man)一书。想象：一个粗糙的 (rough, 表示"拉尔夫 Ralph", 如果你觉得有必要记住他的名字) 字母 L 是你的儿子 (son, L son 表示"埃利森 Ellison"；或者用"高架铁路火车 el train"表示也可以)，他变得慢慢模糊，直至消失。

---

[1] 詹姆斯·乔伊斯，爱尔兰作家、诗人。是二十世纪伟大的作家之一，他的作品及"意识流"思想对全世界产生了巨大的影响。

[2] 杰罗姆·大卫·塞林格（Jerome David Salinger, 1919 年 1 月 1 日出生），美国作家，他的《麦田里的守望者》被认为是二十世纪美国文学的经典作品之一。

[3] 威廉·戈尔丁（William Golding, 1911～1994），英国小说家。1954 年发表了长篇小说《蝇王》，获得极大的声誉。由于他的小说"具有清晰的现实主义叙述技巧以及虚构故事的多样性与普遍性，阐述了今日世界人类的状况"，1983 年获诺贝尔文学奖。

[4] 拉尔夫·埃利森，美国当代著名黑人作家。一九五二年，他的第一部长篇小说《隐形人》出版，对美国社会和文学界产生了巨大的影响。民意调查均称《隐形人》（另译《无形人》）是美国二战以来最重要、最有影响的小说之一，至今仍被世界文坛称作"现代经典"。

T.S. 艾略特[1]（T.S.Eliot）代表著作之一是《荒原》（The Waste Land）。想象：一个巨大的茶杯（tea，表示 T）开着一辆汽车走 S 型路线。它还围着一片巨大的<u>空地</u>（lot，表示"艾略特 Eliot"）绕圈，这片巨大的空地是一片荒原。

艺 术

在第十八章中，我们已经讨论过了音乐鉴赏方面的知识，具体说来是关于曲谱和作曲家的一些知识。同样，我们也可以利用这些方法和技巧记忆艺术鉴赏方面的知识。

画家蒙德利安（Mondrian）是一位建构主义者（constructivist）。记忆时可想象一个<u>男人</u>（man）正试图将一大片<u>建筑</u>工地（construction，表示"建构主义者 constructivist"）变得干燥起来（drying）。"男人 + 干燥"（man drying）可表示"蒙德利安"（Mondrian）。如果继续想象他在百老汇的舞台上跳布吉伍吉舞蹈[2]，那么就可以记住他的重要绘画作品是《百老汇·布吉伍吉》。

西班牙超现实主义画家达利（Dalí）的著名绘画作品是《珀加索斯[3]的飞翔》（Pegasus in Flight）。想象"<u>一个肯定真实的</u>（sure real）<u>洋娃娃</u>（doll，代表"达利 Dalí，"）"的形象就可以帮助你记住达利是超现实主义画家（surereal 表示"超现实主义者 surrealist"）。如果你再进一步想象洋娃娃骑在飞马的背上，就可以记住他的作品名《珀加索斯

---

[1] 托马斯·艾略特（1888~1965）是英国 20 世纪影响最大的诗人。代表作为长诗《荒原》，表达了西方一代人精神上的幻灭，被认为是西方现代文学中具有划时代意义的作品。1948 年因"革新现代诗，功绩卓著的先驱"，获诺贝尔奖文学奖。
[2] 是六十年代 BLUCE ROCK（节奏摇滚）的一个重要的支流，一种炫技性极强的音乐。
[3] 珀加索斯，珀加索斯是希腊神话中有双翼的飞马，被其足蹄踩过的地方有泉水涌出，诗人饮之可获灵感。

的飞翔》。

如果你想象自己正在<u>电线上跑步</u>（run wire 表示"雷诺阿 Renoir"），就能想起法国著名画家雷诺阿的名字。如果继续想象你这样做是为了给别人留下深刻<u>印象</u>，你就能记住他是一位印象派画家。如果你想象的画面是用"钱"（money，表示"莫奈 Monet"）让别人印象深刻的话，那就可以想起来画家莫奈也是一位印象派画家。

意大利画家波提切利（Botticelli）曾经著有绘画作品《维纳斯的诞生》(the Birth of Venus)。记忆时可以想象一只<u>瓶子</u>（bottle）和一个<u>大提琴</u>（cello）聚在一起（bottle cello，表示"波提切利 Botticelli"），帮助一位<u>没有双臂的女士</u>（表示维纳斯）生孩子。波提切利还有一幅著名作品是《诽谤》[1]（the Calumny of Apelles）。记忆时可以将"瓶子"和"大提琴"与"圆柱形膝盖"（column knee，表示"诽谤 calumny"）和"苹果"（apples，表示"阿佩里斯 Apelles"）联系起来。

美国艺术家劳申伯格（Rauschenberg）是著名的波普艺术家[2]（pop）。可以想象一只<u>蟑螂</u>（roach）正站在一座<u>冰山</u>（iceberg）上喝<u>碳酸饮料</u>（pop）。

伟大的挪威画家爱德华·蒙克（Edvard Munch）是现代<u>表现主义绘画</u>的先驱（expressionist）。想象你正在把自己的想法对一个<u>和尚</u>（monk，表示"蒙克 Munch"）<u>表达</u>（express，表示"表现主义画家 expressionist"）出来，但那个和尚听了之后发出了一种很恐怖的尖叫声（他有一幅很著名的绘画作品叫作《尖叫》，是我个人最喜欢的艺术作品之一）。

---

[1] 据说古希腊画家阿佩里斯（Apelles）有一幅同题杰作，波提切利凭想象对它进行了复制。
[2] "波普艺术"这一名称是由英国艺术家阿罗威在 1954 年提出的，是对大众宣传媒介所创造的"大众艺术"的简称。

荷兰最伟大的画家伦勃朗（Rembrandt），是一位人道主义者（humanist），著名作品有《夜巡》（Night Watch）。可以想象一只公羊（ram）往一个人（human）头上栽赃（brand）的情景。

所以你会发现，无论你对文学和艺术感不感兴趣（如果你正在学习的话就肯定感兴趣），你都会显得有文学艺术修养，因为记住这些知识后，你也变得知识渊博了起来。

25 医药学和牙科医学
——再也不用熬夜背书了!

在第二章中,我讲过记忆一首诗就可以按照结构顺序记住脑神经的名称。但是通过首字母去记忆的效果并不总是那么理想,只有链接记忆代替词语的效果才会持久。例如,在脑神经这个例子中,我们就可以把"一只身上布满了神经(nerve)的鹤(crane)"作为链接的开始(表示"脑神经 cranial nerves"),然后想象这只鹤在一家古老的工厂中工作(old factory,表示"嗅神经 olfactory")。接着再和"视神经"联系起来,就可以想象整家工厂发出震耳欲聋的滴答声(tick)因为它上升(up)到了空中(up tick,表示"视神经 optic")。

这家工厂高高飘荡在空中,这时所有声音都被一台冰冷的发动机停止了(cool motor,表示"动眼神经 oculomotor")。这个发动机马上被扔掉了(thrown clear,表示"滑车神经 trochelear"),同时你还往地上扔了一些珠宝(gem),艾尔(Al)捡起来试戴了一下(try gem on Al,表示"三叉神经 trigeminal")。然后你也试戴了一下,但是你只有两分钱(have two cents,表示"展神经 abducents"),所以买不起珠宝,但两分钱也可以做一个面部按摩了(facial nerve,表示面神经)。当你正在礼堂(auditorium,表示"前庭蜗神经 auditory")里做按摩的时候,礼堂变成了关押皮肤光滑的法老(glossy pharaoh)的监狱(glossy pharaoh in jail,表示"舌咽神经 glossopharyngeal")。这位被关押起来的法老后来逃出来去了拉斯维加斯(Las Vegus,或者用"模糊不清的 vague",表示"迷走神经 vagus")。在那里,他的一个帮凶(accessory,表示"副神经 accessory nerve")加入了他的行列,帮助他赌钱。这个帮凶对着一根皮下注射针(hypodermic needle)挥了挥手就走了,那根针光滑且有亮泽(glossy,表示"舌下神经 hypoglossal")。

建立起这样的链接后,再想象一下这幅画面,你就会记住所有脑神经的名称,而且无论是不是按照顺序都能回忆起来。但如果对其中一些词语进一步联想会加深你对这些词语的理解。例如,"一座古老的工厂闻起来很臭",表示与"气味,嗅觉"有关。

如果你是一名医科学生,你就需要观察人体骨骼图(human skeleton),记住人体主要的骨骼。看看我们需要记住哪些骨骼:

头部 head:额骨 frontal,颧骨 malar,上颌骨 maxilla,下颌骨 mandible

肩部:clavicle 锁骨

脊柱 spinalcolumn:颈椎骨 cervicalvertebrae,腰椎骨 lumbarvertebrae

胸部 chest:sternum 胸骨

骨盆 Pelvis:sacrum 骶骨

胳膊:肱骨 humerus,尺骨 ulna,桡骨 radius

手部:腕骨 carpus,指骨 phalanges

腿部:股骨 femur,膝盖骨 patella,胫骨 tibia,腓骨 fibula

脚部:跗骨 tarsus,趾骨 phalanges

如果我们给这段信息起个"标题"的话,那肯定是"人体骨骼"了。可以想象人体的骨架面对着前方(front),而且很高大(tall,表示"额骨 frontal")。我们看到前方有一个人不断地往高高的邮箱中投信,他其实是个邮递员(mailer,表示"颧骨 malar")。一辆麦克牌

(Mack) 卡车也负责邮递信件, 由于太疲劳累病了 (ill, 表示"上颌骨 maxilla")。这时一个生病了的人还在斗牛场中振奋斗牛的精神, 鼓舞士气 (man the bull, 表示"下颌骨 mandible")。这里我只是介绍了一些骨骼名称的代替词语, 你记忆时还可以加入骨骼的部位, 可我认为没有必要, 因为肯定很容易就记得住。

好的, 我们继续。斗牛场中的一头公牛开始用爪子抓 (claw) 一辆汽车 (vehicle, 指的是"锁骨 clavicle"), 因为这辆车为它准备了 (serve) 一顿冰冷的 (cold) 饭菜。汽车被牛抓得很痛苦, 发出了驴叫声 (bray; serve a cold bray 表示"颈椎骨 cervical vertebrae")。这顿冰冷的饭菜后来被一些木材 (lumber) 吃掉了 (表示"腰椎骨 lumbar")。另外, 木材还吃了一些火腿 (ham), 这些火腿很顽固 (stern, 表示"胸骨 sternum")。顽固的火腿带着一袋朗姆酒 (a sack of rum, 表示"骶骨 sacrum") 开始逃跑, 大家都耻笑它, 因为它看起来很滑稽 (humorous, 表示"肱骨 humerus")。

然后笑着的人们都开始喊:"哦, 不要!"(Oh no!, 表示"尺骨 ulna"; 也可以用词语"主人 owner"来表示)。这时成千上万个收音机 (radio, 表示"桡骨 radius") 也开始跟着喊"哦, 不要!"随后许多地毯 (carpets, 表示"腕骨 carpus") 从收音机中飞出, 看到一个叫作菲 (Fay) 的女孩在街上闲逛 (lounge, 表示"指骨 phalanges"; 或者用"失败+在果汁中 fail in juice"来表示)。她付给警察更多的小费 (fee more, 表示"股骨 femur"), 可以继续闲逛。你也跟着多付了一些小费, 所以可以轻轻抚摸一下"艾拉"(pat Ella, 表示"膝盖骨 patella")。艾拉给的小费比每个人都多, 它成了专门给小费的人 (tipper, 表示"胫骨 tibia"; 或者用"付小费给你 tip ya"来表示)。然后它对着我们开始扔沥青 (tars us, 表示"跗骨 tarsus"), 你的脚趾 (表示趾骨) 上沾满了沥青。多复习一两遍记住以后, 你就没有必要再专门钻研这些链接了。

下面来看一下人脑的结构。人脑包括大脑（cerebrum），小脑（cerebellum），延髓（medulla oblongata），脑桥（pons）和间脑（diencephalon）。如果你已经很熟悉了这些知识，只是需要简单提示的话，将几个代替词语链接起来就可以了。例如"扫帚"（broom）+"钟铃"（bell）+"迟钝的"（dull）+"双关语"（puns）+"一角硬币+节省+单独"（dime save alone）。如果利用首字母记忆的话，只要记住下面这句话即可："搬运货物把裤子都弄脏了（C̲arrying c̲argo m̲akes p̲ants d̲irty.）。"如果想通过更加准确更加接近的代替词语记忆，那就用"萨拉的扫帚"（Sarah broom）代替大脑，"渴望独自冲浪"（dying to surf alone）或者"只有戴恩的F"（Diane's F alone）代替间脑，等等。好了，现在你可以利用自己的"大脑"来记忆人脑结构啦!

一个牙科医学专业的学生告诉我，他可以又快又好地记住各种氨基酸（amino acids）的名称，而且只不过是把每个词的代替词语链接起来罢了。先来看一下氨基酸种类[1]列表：丙氨酸 alanine，甘氨酸 glycine，缬氨酸 valine，亮氨酸 leucine，异亮氨酸 isoleucine，脯氨酸 proline，苯丙氨酸 phenylalanine，酪氨酸 tyrosine，丝氨酸 serine，苏氨酸 threonine，蛋氨酸 methionine，精氨酸 arginine，组氨酸 histidine，赖氨酸 lysine，天门冬氨酸 aspartic acid，谷氨酸 glutamic acid，羟基脯氨酸 hydroxyproline，羟基赖氨酸 hydroxylysine。

他发现这些词语要么以 –ine 结尾，要么以 –nine 结尾，所以没有必要把每个结尾都记住。他是这样记的：链接"阿兰"（Alan）+"光泽，光彩（gloss）"+"男性随从（valet）"+"松散的"（loose）+"我缝合+松散的"（I sew loose）+"专业人士"（pro）+"风扇+一个

---

[1] 已知基本氨基酸有二十个品种，其中赖氨酸、苏氨酸、亮氨酸、异亮氨酸、缬氨酸、蛋氨酸、色氨酸、苯丙氨酸8种氨基酸，人体不能自己制造，我们称之为必需氨基酸，需要由食物提供。

E+（唱）啦啦"(fan an E lala) + "金牛座"(Taurus) + "先生"(sir) + "三个O的"(three O's) + "方法"(method) + "在水上＋哇"(aw gee) + "历史"(history) + "谎言"(lies) + "一＋多余的＋滴答声"(a spare tick) + "胶水＋原子能的"(glue atomic) + "隐藏岩石看见专业人士"(hide rocks see pro) + "隐藏岩石看见谎言"(hide rocks see lie)。

　　这些词语可以让你很容易想象出荒谬有趣的画面来，不过如果你认为太麻烦的话也可以不用。但这样总比死记硬背、重复记忆简单多了。使用记忆技巧才是记忆的捷径，对你来说，这是一个很有趣的挑战，可以让你专心致志地投入到学习新的知识中去。

26 精益求精，无所不在的超级记忆力

了解我的朋友们都说我是"完美综合症患者"，因为他们总是感觉我一旦开始做某件事情之后就很讲究精益求精。我将自己的这种表现称为"桌布综合症"，就像桌布会覆盖住整张桌子，遮住每一个角落一样，我也要求自己在做事情的时候要考虑到事情的每一个方面，争取不遗忘任何一个细节。但就像我前面提到过的那样，这是不可能的。我不可能在一本书中把所有记忆法的应用例子都列举出来。但在这一章中，我会争取为我的桌布再打几个"补丁"，使它变得更加全面，覆盖范围更广。所以一起来看下面几个例子吧！

美国地理知识

如果你能想象出一头巨大的奶生（cow）覆盖住了美国整个西北部地区，你肯定就能想起来西北部三个州的名字：加利福尼亚州（California），俄勒冈州（Oregon）和华盛顿州（Washington）。同样的道理，只要记住"你可以（you can，即 UCAN）同时出现在四个州中"，你就知道只有下面这四个州是同时交界的，那就是犹他州（Utah），科罗拉多州（Colorado），亚利桑那州（Arizona）和新墨西哥州（New Mexico）。

音乐知识

如果你想象自己差点刺伤（stab）了四个手指（表示一个四重奏演出小组），那么你就可以记住四重奏是由一个女高音（soprano）、一个男高音（tenor）、一个女低音（alto）和一个男低音（bass）组成的。

社会学知识

在一本有关社会学知识的教科书上，我看到这样一个列表，列出了从公元前2750年至今的一些探险家的名字，也就是从埃及的汉努（Hannu）发现蓬特大陆[1]一直到尼尔阿姆斯特朗1969年的登月之旅。关于怎样记忆这位人类第一位登上月球的宇航员，我前面已经详细介绍过了，在此不再重复。那么如何记忆第一个例子呢？我们来看这样一幅画面：你手中（hand）捧着一捧五分硬币（nickels，代表2750），其中一枚变成了一个巨大的字母U（hand U 表示"汉努 Hannu"），它开始奋力攀登金字塔（或者用狮身人面像来代表埃及）。你开始像踢悬空球（足球中的术语）一样将金字塔踢向空中（punt，代表"蓬特"），然后看着它落地（land，land of Punt 代表"蓬特大陆"）。

再看另外一项。从1804年开始，两位名叫路易斯（Lewis）和克拉克（Clark）的美国人开始到太平洋西北部探险。"除数"（divisor，或者用"鸽子+痛处 dove sore""遮阳板 the visor"）这个词可以用来表示1804年。将它与"松散的钟表"（loose clock，表示"路易斯

---

[1] 蓬特是一个远在埃及帝国疆域之外的国度，极可能在红海沿岸，今日的苏丹与索马里交界附近（见左图）。这个埃及人称作"上帝之邦"的国度，到处是奇珍异宝。很久以前，即在古中王国时期，埃及的商人曾到那里过，但从那以后埃及人很久没有到过那里了。

Lewis"和"克拉克 Clark")联系起来,就可以记住二者的名字,然后与"美国国旗"或者"快乐的罐头"(merry can,表示美国)、"明确具体的"(specific)或"传递一个无花果"(pass a fig,无论是哪个词,都应该能让你想起"太平洋 Pacific")、"暴风雨"(storm,还记得吗?这是我用来表示北部的固定词语,或者用"西北面有警察"[1]northwest mounted police",或者直接用西部来提醒你想起西北)这些词组链接起来。这样就够了,你可以继续应用这种方法记忆其他项。

地球科学知识

地球作为一个整体,在构造上有它自己显著的特征。最外面的一层叫地壳(crust),平均厚度为35千米。地壳下面的那一层叫作地幔(mantle),又称"中间层",介于地壳和地核之间,厚度2900千米左右。地幔再往里就是地核,它的半径约3470千米。地核的成分主要是铁,另外还有一些镍的元素。将"地球"与"铁锈"(rust,表示地壳)与"人很高"(man tall,表示地幔)与"苹果核"(表示地核)链接起来。然后将这些词语与分别表示其厚度或半径的词语再联系起来,如将"铁锈"与"骡子"或"邮件"(mule 或 mail,表示35千米的厚度);将"人很高"与"掐捏+驴子"(nips ass)或"没有基地"(no bases,表示2900千米);将"苹果核"与"记号"(marks)或者"我的岩石"(my rocks,表示3470千米)和"收音机"(radio,表示"半径radius")相联系。如果你需要记住元素的名称,还可以在画面中加入"我跑步"(I run,表示"铁iron")和"五分硬币"(nickel,表示镍)的形象。

也许你考试时还会遇到这种类型的题目:岩石按照成因可以分为哪些种类?(这里指的是真正的岩石,可不是"摇滚音乐rock music")。答案

---

[1] 电影名称《红骑血战记》,1940年曾经获得第十三届奥斯卡最佳剪接奖。

是：火成岩（igneous），沉积岩（sedimentary）和变质岩（metamorphic）。记忆时只要将"岩石"和它们各自的代替词语如"粘人的＋膝盖＋我们"(icky knee us)或"鸡蛋＋膝盖＋我们"(egg knee us)、"悲伤的人撕裂了字母E"(sad men tear E) 和"见到更多的无花果"(met more figs) 链接起来就可以了。

美国历史知识

美国总统格兰特（President Grant）出生于1822年4月27日，于1869年就职。记忆时可以想象：一大块花岗岩（granite，代表"格兰特Grant"）正在将一枚巨大的钻戒（ring，表示数字427，代表4月27日）带到一位修女（表示数字22）的手指上。如果这幅画面发生在船上（表示数字69，1869年）的话，而且花岗岩还进行了宣誓，那么你就知道了他当选总统的那一年是1869年。

如果你需要加入表示世纪的数字，就可以将修女想象成一位很难接触的（tough，表示数字18）修女（nun，表示数字22）。

罗马数字的记忆

我们知道字母D在罗马数字中表示500。那么记忆时我们就可以将"租约"（leases）或者"少女"（lasses）或者"丢失"（loses，三个单词都能表示数字 500）与"院长"（表示 D）联系起来记忆。如果想要记住从 1 到 1000 的几个重要数字的话，就可以使用以下的代替词语：

1=I.　　　　　　　将"领带"与"眼睛"联系起来。
5=V.　　　　　　　将"法律"与"牛肉"联系起来。
10=X.　　　　　　将"脚趾"与"鸡蛋"或者"X 光"联系起来。
50=L.　　　　　　将"蕾丝花边"与"高空火车"联系起来。
100=C.　　　　　　将"疾病"或者"瞌睡"与"大海"联系起来。
1000=M.　　　　　将"领带+姐妹"或者"多种疾病"与"衣服褶边"联系起来。（或者为"千 thousand"这个词专门找一个代替词语，例如"沙子 sand"，然后将其与"衣服褶边"或者"皇帝"链接起来）

文学知识

一个学习古典文学的学生曾经问我能不能教他记住柏拉图所有的著作名称。在这里我就不把这些作品一一列举了，因为与我前面举过的一些例子很相似。按照字母排序，前四部作品分别是《亚西比德》(Alcibiades)，《苏格拉底的申辩》(Apology)，《查密迪斯》（论节制）(Charmides) 和《克拉底鲁斯》（论正名）(Cratylus)。第一幅闪现在我脑海中的画面就是"艾尔在阴间地府看到一只蜜蜂"（Al see a bee in Hades, 表示《亚西比德》Alcibiades）或者"艾尔看见一只蜜蜂帮助字母 E"（Al see a bee aid E's）。随后艾尔对蜜蜂道歉 (apologizes, 表示《苏格拉底的申辩》Apology, 或者是蜜蜂向艾尔道歉）。然后一个有魅力的字母 D（Charming D, 表示《查密迪斯》Charmides) 也向你表示了歉意，之后它飞到了一只箱子（crate）里看到了一头生病的驴 (crate ill ass, 表示《克拉底鲁斯》Cratylus)。如果你还想记住柏拉图其他的著作名称，你肯定知道怎样找到，然后把链接继续下去就可以了。

三角函数知识

一些数学专业的学生告诉我说如果能记住三角比[1]表格，计算起来就太方便了。其他人则认为与其费力地去记，不如需要的时候再去查表格呢。但是如果你真要记下来，我可以告诉你肯定有记起来容易的好方法。先看表格的一部分吧，看看这些数字怎么来记：

r	sin r	cos r	an r
20°	.342	.940	.364
32°	.530	.848	.625
57°	.839	.545	1.540

对于每个度数，都要形成一条按照"角度－正弦－余弦－正切"顺序排列的链接，这样问题就解决了。由于每个度数都会有一条这样的链接，所以不必为标题中的词语去寻找代替词，你会很容易记住它们是按照什么样的顺序排列的。例如记忆第一个20度角时，就可以将"鼻子"（表示20）、"海运的，海事的"（marine，或者用"赫紫红色 maroon"表示342）、"黄铜色"（brass，表示940）和"主要的"（major，或者用"业余爱好者 amateur"，"我的椅子 my chair"表示364）。记忆32度角，可以将"月亮"（32的固定词语）、"织布机"（looms 表示530）、"在远方"（far_off，表示848）以及"海峡"（channel，表示625）链接起来（想象的画面就可以是月亮在织布机上织布，织布机在海峡的远方；一定要让画面夸张滑稽）。记忆57度角时，将"湖"（57的固定词语）、"鞋面"（vamp，或者是"泡沫聚积 foam up"，表示839）、"桂冠"（laurel，

---

[1] 三角比是三角学的基本概念之一，指三角函数定义中的两线段的数量比。

表示545）和"裁缝"(tailors，或者用"辛勤劳作者toilers"或"美元dollars"，表示1540）这些词语链接起来。这样就够了。

古生物学知识

学习我的记忆法的一个学生告诉我他还将这些方法和技巧应用到记忆古生物学方面的知识了。来看下面这个例子，其中列出了一些古人类化石的名称，都是英语和拉丁语。

爪哇猿人[1]（Java Ape-man，拉丁语是Pithecanthropus erectus）：想象一只猿猴像人类一样喝着产自爪哇的咖啡（你也可以用"标枪javelin"或"你有一个…d'ja have a…"这个句型来表示爪哇）。这只猩猩想要传球（throw a pass），但很可惜（pity），没有成功。于是他将球扔向了你和其他人，而且要毁灭我们（wrecked us，或者是"他直立站了起来erect"）。"可惜+不能传球+他+毁灭我们"（pity can't throw pass, he wrecked us）这北京人又称北京猿人，正式名称为"中国猿人北京种"，现在在科学上常称之为"北京直立人"。中国的直立人化石。生活在距今大约70~20万年。遗址发现地位于北京市西南房山区周口店龙骨山。些词语组合的发音类似于拉丁语Pithecanthropus erectus。想象一下这幅画面吧。

北京猿人[2]（Peking man，拉丁语名称是Sinanthropus pekinensis）：

---

[1] 爪哇猿人是也称"爪哇猿人""直立猿人"，由荷兰人类学家Eugene Dubois（1858~1940）于1891年在印度尼西亚中部州（Medium）特里尼尔（Trinil）地方发现，是世界上最早发现的猿人化石。

[2] 北京人又称北京猿人，正式名称为"中国猿人北京种"，现在在科学上常称之为"北京直立人"。中国的直立人化石。生活在距今大约70~20万年。遗址发现地位于北京市西南房山区周口店龙骨山。

想象一个正在偷窥的人（peeking man 代表"北京人 Peking man"），这是一种罪过（sin）。或者有人拿东西扔（throw）在了他的脸上（puss），所以他就不再接着偷窥了（ends）。"罪过＋扔＋脸＋偷窥＋结束"（sin and throw puss, peeking ends）这些词语组合在一起表示拉丁语 Sinanthropus pekinensis。如果你的教材上用的是新的拉丁语名称"homo erectus"的话，只要将这个词语的代替词与"正在偷窥的人"这个词组联系起来就可以了。

海德堡人[1]（Heidelberg man，拉丁语名称是 Homo heidelbergensis）：想象一个人躲（hide）在了冰山（iceberg）后（这座冰山是 L 形状的），而且冰山就在他的家（home）中。

这时冰山倒在了他妹妹的身上，结束了（ends）她的生命。"家＋躲＋L＋冰山＋结束＋妹妹"（home hide L berg end sis）组合在一起代表的是拉丁语 Homo heidelbergensis。

---

[1] 1907 年 10 月 22 日，在德国海德堡东南约 6 英里的一河床的沙中发现海德堡人的下颌骨化石，经科学鉴定，海德堡人生活在距今 50 万年至 40 万年之间，是迄今为止在欧洲发现的最早的猿人。就外表而言，海德堡人还保留着许多原始特征，是尼安德特人的直接祖先。

昂栋人[1]（Ngandong man，拉丁语名称是 Homo soloensis）：一个人掉进了一只巨大的果核中，但没有一个<u>歹徒</u>（gang）<u>走下去</u>（down）帮助他，因为他掉下去的位置实在是<u>太低了</u>（so low），所以歹徒们都回<u>家</u>（home）去了。

尼安德特人[2]（Neanderthal man，拉丁文学名 Homo neanderthalensis）：一个<u>膝盖</u>(knee)<u>和</u>(and)<u>一只手</u>(hand)长的都很<u>高大</u>(tall)，然后高大的膝盖和手一起回<u>家</u>（home）了。

克鲁马农人[3]（Cro-Magnon man，拉丁文学名 Homo sapiens）：一只<u>铬黄色的大杯子</u>（chrome mug）中装着一位<u>修女</u>（nun），这只大杯子放在了你的<u>家</u>（home）中，你正从中<u>啜饮</u>（sip）。

等你将这些词语联系起来以后，还可以建立一个链接，把"爪哇猿人"到"克鲁马农人"这几个名字都链接起来，这个记忆难题就算解决了。如果你还想加入其他一些有关这些人类化石的信息，只要将其代替词语加入到对应的画面中就可以了。

地质学知识

地球形成以来的 46 亿年可划分为五个地质年代（也称为地质时代），分别是：太古代、元古代、古生代、中生代和新生代，代下面还分为若干个"纪"。记忆时你会发现这五个年代词语都是以"zoic"结

---

[1] 1931～1932 年在爪哇昂栋（Ngandong）索罗河岸阶地上出土的史前人类化石，标本包括 11 具化石头骨（面骨部分未保存下来）和两根腿骨残片。
[2] 尼安德特人（拉丁文学名 homo neanderthalensis，又译尼安德塔人）是一种在大约 12 万到 3 万年前冰河时期本来居住在欧洲与西亚的人种，性格温驯。
[3] 克鲁马农人是现代人种形成过程中典型的化石代表，1868 年发现于法国多尔多涅的克鲁马农洞穴。克鲁马农人体质特征与现代人类已没有多大差别。

尾的，所以只需要记住单词的前半部分就可以了。链接应该以"地质年代"(era)为开头，然后与以下词语链接："方舟+钥匙孔"(ark keyhole，表示"太古代 Archeozoic")、"专业人士撕碎了字母O"(pro tear O，表示"元古代 Proterozoic")、"桶/苍白的E和O"(pail/pale E O，表示"古生代 Paleozoic")、"一团糟或者女中音"(mess 或 mezzo，表示"中生代 Mesozoic")以及"景色+O 或说不"(scene O，或 say no，表示"新生代 Cenozoic")。当然了，这些词语只是我的一些建议，也许你在记忆"元古代"(Proterozoic)的时候只要记住"专业人士"(pro)就够了呢。

有关记忆法的交流

在本章结束之际，我还想加入这么一段介绍，目的是希望你了解超级记忆法可以从多方面帮到你，甚至有些方面的帮助还是我从未意识到的。

玛丽琳斯·塔特曼在著名的纽约长岛赛奥斯特学校区的南林中学工作，担任该校的图书管理员和媒体专家。我们已经合作过很多年了，每当她有一些学术上的难题时都会叫我过去帮忙，我们都会有一些交流。她说她通过一些创新的方法在使用我的记忆法。例如，她平时教学生们自己制作电视节目，把学校的课程排成戏剧来演出。他们建立了一个"故事情节公告牌"，上面写明了要表演和录制的节目顺序。然后将这些电视节目制作成网上视频节目或者广告。

我想说的是什么呢？在记忆这些节目顺序时，玛丽琳·斯塔特曼教学生们为这些要表演和录制的节目找一些代替词语，然后将这些词语链接起来记忆。她觉得如果记在纸上或者笔记本上很浪费时间，也很难记住。而且这里还牵扯到一个时间问题，有些节目是从头拍到尾不能停顿也不能编辑的，要求一次成型，这就要求节目名称绝对不能出错。

　　我自己也曾经制作过不少电视节目，而且我发现找出那些记录场景的笔记或写字板是件很费时的事情。但玛丽琳·斯塔特曼的主意就很奇妙，效果也很好。她将它应用到了课堂外面，解决了学校课堂视频的一些问题。